もう木を伐らないで

玉川上水の
生物多様性のために

Seiki Takatsuki
高槻成紀

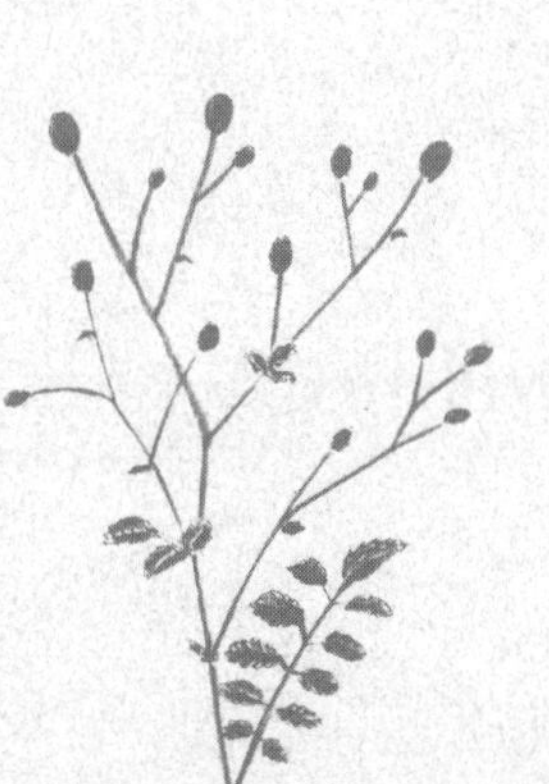

彩流社

ススキ　センニンソウ　ツユクサ　ツルボ

ヤマハギ　ユウガギク　ワレモコウ

1　花マップ活動の一環として選んだ、玉川上水オリジナルの「秋の七草」

2　小平の玉川上水の樹林

3　玉川上水でよく見られる落葉樹林の植物たち

4　皆伐された小金井のケヤキの切り株

5　伐採予定の赤テープを巻かれたケヤキ

6　玉川上水各地の景観。A: 小平、B: 小金井、C: 三鷹（井の頭公園）、D: 杉並

7　生息地タイプごとの代表的な鳥。（撮影者：エナガ、ウグイス、シジュウカラ、ヤマガラ＝鈴木浩克氏、ムクドリ＝高槻成紀、ヒヨドリ＝大塚惠子氏）

8　ミゾゴイ、オオルリ、キビタキ、アオバズク。すべて井の頭公園御殿山の玉川上水で撮影（撮影者：鈴木浩克氏）

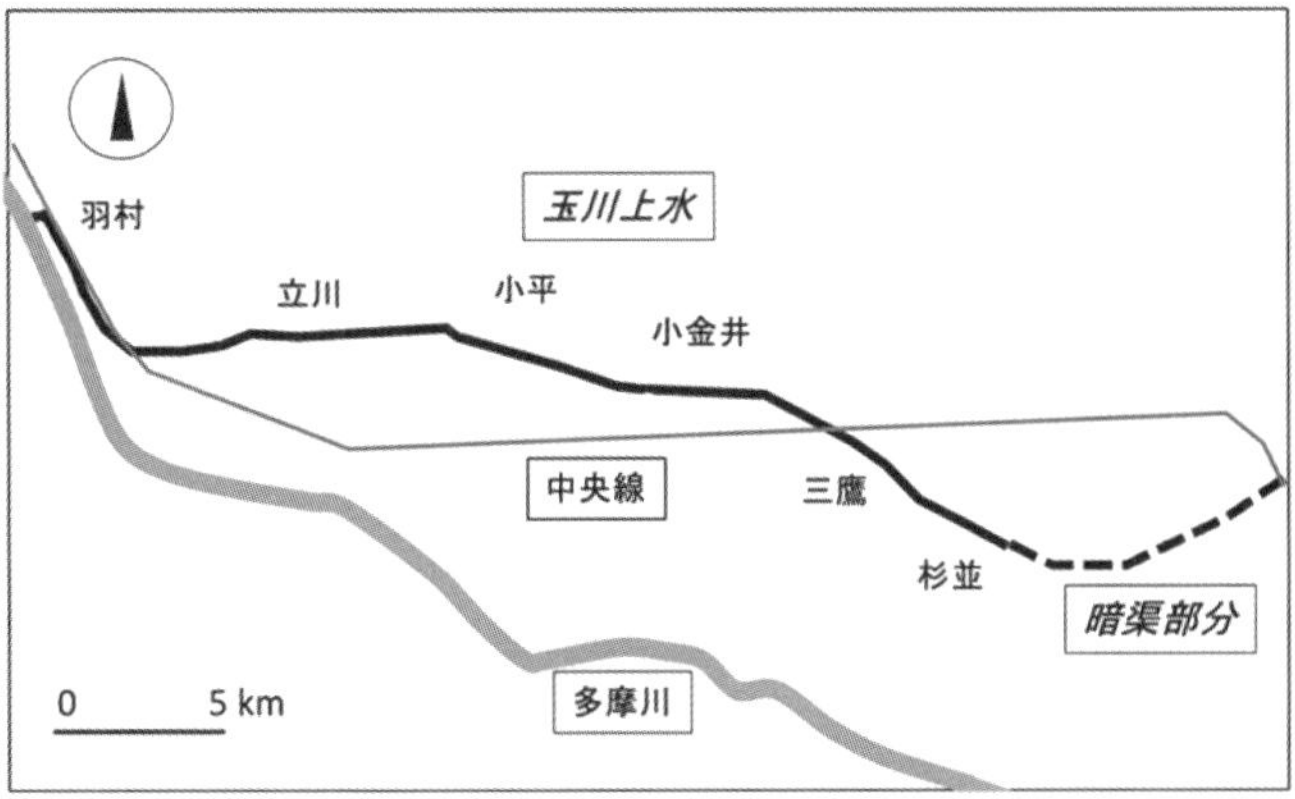

9　玉川上水全体の地図

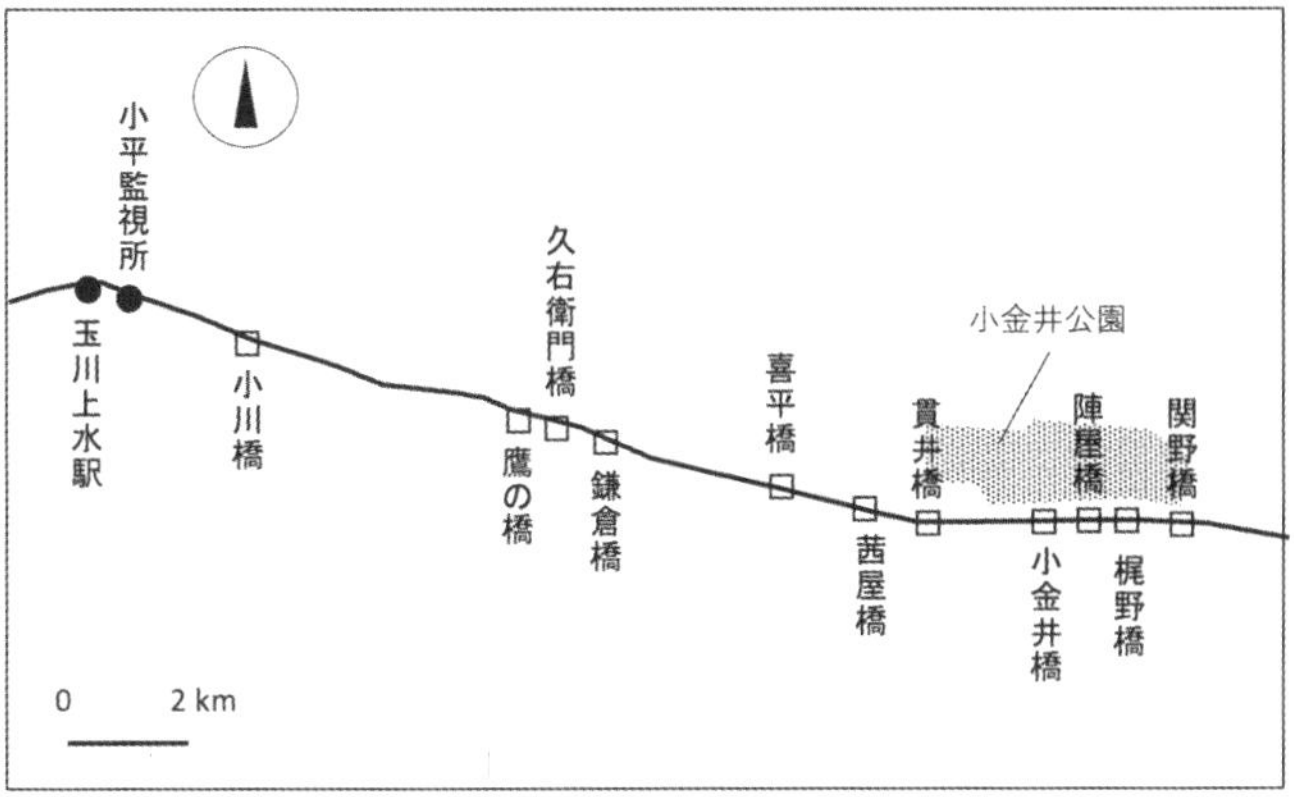

10　本書に出てくる玉川上水の橋の名前

はじめに

私は2008年に縁あって小金井市に引っ越しました。長い海外での生活から心身ともに疲れ切っていた時に、リハビリを大いに助けてくれたのは、玉川上水などきめ細やかで豊かな小金井の自然でした。玉川上水の木々が無惨に伐採されている姿を見た時は声が出ないほどおどろき、身を切られるようにつらく、今も近くを歩けば涙が出そうになります。一体どんな目的で行政はこのような心ないことをするのでしょうか？

目先の合理性や古い価値観に縛られて、お金では買えない、かけがえのない、市の、人類の豊かな恵みを自ら捨てようとしていませんか。

この文章は、私たちが実施している玉川上水のアンケートに寄せられたものからとりあげた。心に響くこの文章は、私が本書で伝えたいことを言い尽くしているように思える。

玉川上水とは東京を東西に流れる水路で、江戸時代に掘られて350年以上もの時間を生き延びてきた。戦後しばらくまでは上水、つまり生活用水として用いられていたが、今ではその機能は部分的で、むしろ市街地に残された緑地としての価値が大きくなっている。

その意味では、玉川上水は東京という一つの都市の緑地であり、ローカル性が強いものではあるが、東京という巨大都市に息づく緑地がいかなるもので、その未来がどうであるかを考えることは、日本中の大小の都市に共通なことであり、このことを考えることは都市と人との関係を考える意味で、普遍性を持つと思う。

私は玉川上水について2017年に彩流社から『都会の自然の話を聴く——玉川上水のタヌキと動植物のつながり』という本を出した。その本のあとがきに私は以下の4点が伝えたかったと書いた。

(1)玉川上水の自然の価値
(2)動植物を守ると主張することよりも、動植物に直接向き合って知ることが大切だということ
(3)科学する精神の大切さ
(4)私たちは動植物の立場になることが苦手であることを知ること

この4つが大切だということは今もまったく変わっていない。ただし、前書を出したときは牧歌的に野草と向き合っていたのだが、今は、それだけでは玉川上水の自然を守れないという認識を持たざるを得なくなった。そのことは前書にはほとんど書くことができなかったので、本書ではこのことを書きたい。

木を伐るということ、このことの意味を私なりに考えていたが、神宮外苑の街路樹などの伐採

問題が浮上し、多くの市民が反対運動に立ち上がった。私は都市の樹木を伐るということの意味を玉川上水のそれと重ねて考えざるを得なかった。そして、それは人と自然との接点を象徴することだと思うようになった。伐採は日本中で進められているし、世界でも同様である。そうであれば、私たちが取り組んでいる玉川上水の樹木の伐採は、普遍的な意味を持つに違いない。

本書に書きたかったことのもう一つは、そういう認識を持つようになってもなお、いや、そうであるからこそ余計に感じるのかもしれないが、やはり動植物に向き合うことが重要だということである。私はそのことを個人的に続けているが、仲間といっしょに調査をした。「花マップ」といって野草の分布を調べたり、「花ごよみ」といって野草の開花を調べたりしている。また樹木や野鳥の調査もしている。本書ではそういうことも紹介した。

地道に自然を観察すること、そしてそれを都市緑地でおこなう場合、その緑地をいかに守るかを考えること、この二つが本書で伝えたいことである。

もくじ◉『もう木を伐らないで』

＊スケッチイラスト＝高槻成紀
＊写真や図はとくに断り書きがない場合は著者によるものである。

第Ⅰ部

野草を記録する

第1章　花マップ活動

最初の章では、私が玉川上水の自然観察を始めた頃のことを紹介して本書をスタートさせよう。

玉川上水は江戸時代前半に江戸市民の生活用水確保のために掘られた水路で、多摩川の羽村《はむら》で取水し、立川、小平、三鷹、杉並などを経て、43キロメートルも流れて四谷に達した（口絵9）。

戦後もその機能を維持していたが、現在は上水機能は小平までで、それ以下では処理水が流れている。また杉並よりも下流部分は1965年に暗渠《あんきょ》化された。小平より下流は1971年には水が流されなくなったために空堀《からぼり》状態になっていたが、1986年に復水した。浄水機能を持っていた時代には水に枯葉が入らないように樹木は管理されていたが、戦後は樹木が育ち、かつての武蔵野の雑木林のような樹林が育っている場所もある（口絵2）。現在では東京に残された数少ない緑地として、多くの人々が自然を楽しむなど親しまれている。

ことの始まり

私は、縁あって東京西部の小平市に住むことになった。40歳代の半ばのことである。引っ越してきたとき、車から見える雑木林が妙に細く、しかも長いのを奇異に感じた。それが玉川上水であることは、暮らすようになってすぐにわかった。ときどき犬を連れて散歩をしたが、東北地方に長くいて野外調査をしてきた私には、みすぼらしいとは言わないまでも、「たいしたことのない」自然に思えた。

上水は幅が5メートルほどで、その両側に1、2列の林があり、歩道がある。木々は多くがコナラ、クヌギ、イヌシデなどありふれたものだし、下に生える野草もこれといって目に留めるべきものもないように思えた。

ただ、繰り返し歩いているうちに、スミレ類やウグイスカグラなど私の好きな植物があって写真を撮影するなど楽しみはあった。それとは別に、橋があって明るい場所にはスイカズラ、センニンソウなどのつる植物やノカンゾウなど明るい場所に生える植物もあって、林に生える植物と草地に生える植物が繰り返し出てくるのがルールのように見られることにも興味を惹かれた。

ただ、大学の現役時代は時間に余裕がなかったので、玉川上水をいわば「横目に見ながら」過ごした。２０１５年に定年退職してからは、時間が取れるようになったので、玉川上水の植物を調べてみようかと思った。

それと前後して玉川上水についてシンポジウムがあったので出かけたら、私の知人が話題提供をしていた。主催のリー智子さんと話をして、交流が始まった。リーさんは明るい人で知人が多く、幾人かの人を紹介してくださったが、その中の一人が武蔵野美術大学の関野吉晴さんだった。年齢的にも近いし、私はテレビ番組を通じて「グレートジャーニー」をした人として知っていたので、うれしく思った。関野さんは武蔵美（武蔵野美術大学を地元の人はそう略す）の学生に玉川上水など地元のことを知ってもらいたいので、時々観察会をして欲しいとのことだった。私は絵を描くのが好きなので、自然観察をしたり、スケッチをしたりする観察会をするのはいいことだと思い、引き受けた。そうした活動を通じて、私は玉川上水の動植物についていくつかのテーマを設けてコツコツと調べるようになった。そのことは『都会の自然の話を聴く』（高槻 2017）に書いたが、ここでは少し違う文脈で紹介したいと思う。

植物は一定ではない

『都会の自然の話を聴く』を書いたのが2016年で、その頃「花マップ」の活動を始めていた。その時に、玉川上水に生えるコナラなどの木があるかないかで下に生える植物の生え方が大きく違うことに気づいた。これは地表の明るさが違うためで、樹林の管理のしかたによって野草の生え方が違うということである。ということは、玉川上水の植物はつねに変化しているということである。思えば、上水が現役として機能していた時は、枯葉や枝が上水に入らないよう樹木が生えないように管理していたのに、戦後樹木が育って林になったこと自体、玉川上水の植物がつねに変化していることのよい証拠である。ということは、現在ある玉川上水の植物も今後変化するわけだから、今の状態を記録しておくことは、都市の自然を考える上で意味があるはずだと考えた。

作戦を練る

そう考えたのだが、それをどう実現するかを考えなければならない。玉川上水はもともとは43キロメートルの長さがあったのだが、現在は下流の13キロメートルは昭和の時代に暗渠化され、植物はなくなってしまった（口絵9）。その上流は30キロメートルある。これを一人で歩くのはできない相談である。しかも植物は季節ごとに入れ替わるから、一度の調査というわけにはいかない。そこで、協力者を募る必要があった。このことに関心を持ちそうな人はいたから、人数はなんとかなりそうだった。ただし、植物についてはビギナーも多い。これをどうクリアーするかが問題だった。

そこで考えたのは、植物の記録を合理的に簡略化するということである。つまり植物を網羅的に記録することは初めからあきらめ、ビギナーでも区別ができる特徴的な植物を十種あまり選び、「今月の花」とした。たとえばヤマユリのようにきれいで目立ち、他に似たものがないような花はとりあげ、ヒメジオンとハルジョオンのような分かりにくいものは避けた。こうして選んだ「今月の花」の写真を事前にメンバーにメールで送り、特徴や区別点を頭に入れてもらい、玉川上水を丁寧に歩いて「今月の花」だけは見落とさないようにお願いした。そして、「あった」という記録をするだけではなく、必ず証拠写真を撮影するように頼んだ。以前は「写真を撮る人」は少数派で、本格的な一眼レフを抱えていたものだが、今はコンパクトデジカメが普及したし、スマホを駆使する人もいるから、これは確実にできる。なぜそんな疑い深いことをしたかというと、思い込みでまちがえることがあるからだ。

次に私がしたのは、地図帳をもとに橋をリスト化することだった。使ったのは1万分の1の地図帳で、情報がたくさん詰まっていて便利である。この地図で、羽村の取水堰を起点として橋の位置を確認し、番号をつけて起点からの距離を100メートル刻みで記録した。こうして杉並の浅間《せんげん》橋までを確認したら、96の橋があることがわかった。

橋番号は植物の記録とも関係があった。たとえば玉川上水によくあるノカンゾウを取り上げてみよう。ノカンゾウの玉川上水での生育を記録するにはどうすればよいか。1本ずつ記録することができないのは明らかである。そこで私が考えたのは橋と橋の間に該当植物があるかないかを記録するということである。ある橋と隣の橋の間を「区画」ということにする。区画内に「今月の花」があるかないかを記録するのならほぼ確実にできる。もちろんあまり目立たない植物が1

本だけしか生えていなければ見落とすこともあるだろうが、そのような例は想定していない。少なくとも橋と橋の間に数十本が生えていれば、該当植物があるかないかを調べる調査員が見落とす可能性はほぼないといってよい。私はそれを「ある」とすることにした。それでも気づかないものは「なし」とする。「ない」ことの証明は難しいが、「あり、なし」をそのように定義すれば記録は可能になる。

そして一人が数区画を担当して、95区画をカバーすることにした。一人でカバーする人もあれば、数人で班を作るグループもあった。その上で、分担者には毎月の報告をしてもらうことにした。そうすると、毎月十数種の「今月の花」について95区画の「あり、なし」が私のもとに届くことになる。

調査を始めて

この「花マップ」活動には20人余りが参加して全域をカバーした。1カ月に一度といえば十分余裕がありそうだが、実際に始めて見ると1カ月などすぐに経ってしまう。私は3区画を引き受けた。

おかげで玉川上水全体を歩き、一口に玉川上水といっても野草の分布は場所により随分違うということがわかった。たとえば井の頭は井の頭公園があるおかげで一帯が立派な林としてあるが、その下流になると歩道も狭くなり、家屋がギリギリまで迫っている所もある。ただ、そのあたりでも畑があって野菜を売るための小屋があるなどずいぶんのどかな風景がある場所もあった。そういう小屋では金をおいて野菜を持っていける「無人販売」をしている。私の住む小平の方にはよくあるが、これが、人が溢れるほど多い吉祥寺と目と鼻の距離にあるのは不思議な気がした。

参加したメンバーには植物を知る程度も、玉川上水の保全についての意識も、お仕事などもさまざまだから、活動を始めてから「こんなはずではなかった」という人もおられたようだ。だが、報告がない区画が生じてしまえば、当該の植物の「あり、なし」がわからない空白が生じてしまい、そうなると全体が不完全になる。それではせっかくやっても意味がなくなるので、私は申し訳ないと思いながらきびしめに報告を求めた。毎月20日くらいになると、全体の進捗を伝えるという形で「あなたはまだですよ」と伝えた。これを負担に感じた人も多かったに違いない。

成果

こうして一年の活動でおよそ200種の野草の玉川上水における分布状態が記録された。橋の数がおよそ100だから、延べで200の100倍で2万ほどのセルについて花の「あり、なし」がわかったことになる。これはすごいことだ。これにより2015年前後の玉川上水の主な野草の分布状態が記録されたことになる。

私は毎月蓄積するデータを整理しながら、充実感を覚えていた。そして秋くらいから「これは何らかの形で公表したい」と思うようになった。というのは、思いがけない貴重な植物の発見もあったし、植生の管理のしかたに応じて植物の生育が影響を受けていることの発見もあったからである。しかし、こうしたことはほとんど知られていない。玉川上水の野草の豊かさが広く知られれば、多くの人に玉川上水の自然に興味を持ってもらえると思ったのだ。それにはこの成果を手にしやすい冊子にし、野草の紹介をするのがよい。

このアイデアをメンバーに紹介したところ、「では助成金を申請してみよう」という人がいて、書類を整えて申請したところ採用された。これによって花マップの冊子ができることになった。

花マップデータの一部。実際には橋は96までで、植物は約200種ある

橋の番号	1	2	3	4	5	6	7	8	9	10	11	12	13	14	15	16	17	18	19	19	20	21	22	23	24	25	26
橋の名前	羽村取	羽村橋	羽村大	堂橋	新堀橋	加美上	宮本橋	宿橋	新橋	清巌院	熊野橋	かやと橋	牛浜橋	青梅橋	福生橋	山王橋	五丁橋	八高線	16号線	どんぐり橋	日光橋	平和橋	こはけ橋	西武線	ふたみ	拝島上	美堀橋
セイヨウタンポポ	1	1	1	1	1	1	1	1	1	1	1	1		1		1	1			1	1	1	1	1	1	1	1
ツユクサ		1	1	1	1				1	1			1	1	1		1	1		1	1	1		1	1	1	1
ノカンゾウ				1						1	1	1	1	1	1	1	1	1		1	1	1			1		1
センニンソウ	1	1	1	1		1	1	1		1	1	1		1	1	1	1				1	1			1	1	1
ヘクソカズラ	1	1	1	1	1	1	1	1	1			1	1	1	1	1	1	1	1		1	1		1		1	1
スイカズラ			1		1	1								1							1	1	1		1	1	1
ノブドウ		1	1	1		1	1	1	1		1	1	1	1	1		1		1		1	1		1		1	
エゴノキ					1												1	1			1	1	1		1	1	1
ナワシロイチゴ															1					1		1	1	1	1	1	
ツルボ	1	1		1														1		1	1	1	1	1	1	1	1
ススキ	1	1		1		1	1	1	1		1	1		1			1		1			1	1				
ムラサキシキブ				1	1	1											1	1			1	1			1	1	
マユミ															1			1			1			1		1	1
ヒメオドリコソウ	1	1		1	1	1		1		1			1	1		1	1				1					1	
ミズヒキ																	1										
オオイヌノフグリ	1	1	1	1	1	1				1				1	1		1					1			1	1	1
アキカラマツ				1				1													1	1				1	1
ヤブカンゾウ		1	1	1		1		1		1		1	1						1							1	
ノイバラ				1	1												1									1	
オオアラセイトウ			1	1								1	1				1	1			1					1	
ヒガンバナ	1	1		1	1	1	1			1	1	1	1		1	1									1	1	1
ヨウシュヤマゴボウ	1	1		1	1												1		1		1					1	
コセンダングサ	1	1	1	1	1	1	1	1	1	1			1	1		1	1		1		1						
タケニグサ																		1				1				1	1
タチツボスミレ					1													1								1	
イヌタデ		1		1	1												1								1	1	
ヒヨドリジョウゴ		1		1	1												1								1	1	
クサボケ															1							1	1	1		1	
カントウタンポポ			1	1	1			1					1					1		1	1	1			1	1	1
ヤブカラシ				1						1												1			1		1

冊子を作る

私は生物に研究対象としての関心もあるが、同時にその美しさに惹きつけられてきた。それとＩＴ技術には大いに助けられながらも、その無機的な感覚が好きになれず、手作り感覚のものが好きである。そういうわけで、科学論文を書いてもグラフに動植物のスケッチを添えるようにしている。

花マップの冊子は科学論文ではないのだから、美しさを表現したいのはなおさらだ。そこで私は冊子を次のようなものにしようと考えた。まず冊子は横長のハンディなものとし、散歩に持ち歩けるものとした。そして左ページに植物の説明を、右ページに花マップを載せることにした。

左ページの植物の説明にはオリジナル写真を用いた。ここでメンバーが撮影した証拠写真が役に立った。そして解説は自分たちが玉川上水で見たことを書くようにした。もちろん花の特徴などは図鑑類と共通だが、花の咲き方や環境との関係などオリジナルな観察事項を書くようにした。

次に右ページは、花の分布を示すマップは正確さを基本としながらも、デザイン的なことを配慮した。これにはデザイン担当の松岡英気さんの存在が大きかった。花マップのメンバーには色々な人がいて助けられたのだが、松岡さんはこうしたデザインの専門家で、私が希望を伝えると、それに的確に応えてくれた。橋は96あるのだが、この大きさの冊子でそのすべてを載せるとかえって見づらくなる。そこで必要な場所を残しながら橋の数を減らし、野草の分布は点で示すことにした。

冊子が「花マップ」だからこの右ページが最も重要なのだが、この冊子はガイドブックでもあるから、手にした人が楽しめるものにしたかった。そこで、このページに二つの工夫をした。一つは私のスケッチを入れた。よくあるボタニカルアートのような精緻なものではないが、その野草の雰囲気を伝えるように心がけて描いた。もう一つはメンバーの短いエッセーを入れた。

冊子の内容

その冊子を具体的に紹介したい。春号の最初のページはアマナとウグイスカグラで始まる（28～31ページ）。いずれも早春の花でまだ他の植物は新芽を出すか出さないかという3月のうちに花を咲かせる。ウグイスカグラでは花だけでなく、冬芽や果実も紹介した。花の名前はきちんとした四角ではなく、角が切れた板切れのようなプレートに書いてあり、そのプレートには影がついている。そのことで柔らかい雰囲気が醸成された。また、左右ページの繋ぎの部分にスケッチブックなどにある金属リングのような模様があり、冊子を開いたとき、スケッチブックを開いたような感じがするよう工夫されている。このあたり、松岡さんの面目躍如というところだ。

次に右ページだが、ウグイスカグラの分布は玉川上水の西側の一部を除いてほぼ全域に生育することが赤いマチ針のような形で表現されている。水口さんのエッセーはウグイスカグラのこと

ウグイスカグラ

早春を告げる花で、気の早いものは3月の上旬から花を咲かせる。春を待ちかねて林を歩いていてこの花を見ると、「春遠からじ」とうれしくなる。花の色が暖かい紅色で、黄色い雄しべとの対比も楽しい。花は筒状の先端が5つに裂けて開くが、つぼみはボウリングのピンのようでかわいい。スイカズラ科なので枝も葉も対生し、ひし形に似た楕円形の葉をつける。時々茎を抱くような托葉が付いているのを見かける。晩春のウツギやスイカズラなどが咲く頃には、もう赤い実をつける。その実を見ると半透明で、中の種子が透けて見える。昔の子供はおやつとして食べたようだ。

「花マップ」冊子春号のウグイスカグラの解説ページ

アマナ

ユリ科アマナ属。春一番に咲く野草のひとつで、玉川上水では明るい落葉樹林に咲く。アマナそのものはわりあいよく見かけるが、花を咲かせないものが多い。早春の、まだ木々が芽吹かない明るい林で、枯葉の中から葉を伸ばす。背丈が10cmほどしかなく、横向きに咲くので気づかないで通り過ぎる人が多い。花をよく見ると花びらの外側にえんじ色の筋がある。里山の代表的な野草が都市化によって消えてしまった場所が多い。これからも玉川上水に残ってほしい野草だ。

玉川上水 花マップ 2017〜2019・春

「花マップ」冊子春号のアマナの解説ページ

イスカグラ

ではほぼ半分の区画で確認された。
西部で少ない傾向がある。

林内 林縁 草原 空き地

「あそこに行けばアマナがある」という場所があります。「もしかして」と早春の林に出かけてみますが、まだでした。でも土の中では確実に茎を伸ばしているはずです。「もう少し、がんばって」。出会いを期待して土の中を想像するのも早春の愉しみです。

高槻成紀

玉川上水で初めてアマナを見つけたとき、車道の脇に生えていたので嬉しかったのを思い出します。地中で何年もかけて球根を育て、春のひと時だけ地上に顔を出すと聞きました。「こんなに小さな花がうちの子と同い年くらいなのかな」と、不思議な気持ちになりました。

安河内葉子

05　玉川上水 花マップ 2017〜2019・春

「花マップ」冊子春号のウグイスカグラのマップ、エッセーのページ

鶯の神楽。素敵な名前、どんな花でしょうと出会いを楽しみにしていました。玉川上水でお目にかかり、葉の間からのぞく可愛らしい花の姿に魅せられました。
水上和子
1月6日の日曜日。落ち葉掻きイベントに向かう里山の日当たりのよい場所にピンクの花1つ。
「今年もまたこの場所に一番に花をつけたね」。
そして緑色の実から透きとおった赤色の実になる。
こうなるとほんのり甘い。
私の大好きなウグイスカグラ。
長峰トモイ
ウグ
玉川上水

アマナ
林内
林縁
草原
空き地
アマナは分布が限定的なため、その保護を配慮して地図上に位置をのせることは控えました。

「花マップ」冊子春号のアマナのマップ、エッセーのページ。じつはアマナのマップは掲載していない。

を知らず、名前から出会いを楽しみにしていたことが書かれている。また長峰さんは行きつけの里山で毎年ウグイスカグラを見るのを楽しみにしているようで、「今年もまたこの場所に一番に花をつけたね」と挨拶をしたことが書いてある。

アマナの内容にはじつは「花マップ」としては看板に偽りがある。データはあるのだが、分布が玉川上水のごく一部に限られ、しかもどこでもあまり多くないから、盗掘される心配がある。そこであえて花マップの冊子には載せないことにしたのだ。エッセーとしては私が、アマナを見に行くのが早すぎてまだ咲いていなかったので、地中での生育を想像したことを書いた。安河内さんは若いお母さんなのだが、小さいアマナが開花までに数年を要することを知って、自分のお子さんと重ねて「こんなに小さな花がうちの子と同い年くらいなのかな」と思ったと書いた。

ウグイスカグラのエッセーのバックにはその花の色のピンクを、アマナには葉色の薄緑色を使い、フォントも手書き風になっている。松岡さんのデザイナー魂はページのあちこちに隠し味となっている。

こうして春号は11ページに22種の野草を紹介した。ただしスミレは複数の種を紹介した。最後のページには玉川上水に道路がつくときにキンランの移植をしたという話を聞いたので、このことに絡めて玉川上水の植生管理についての文章を書いた。そして巻末と裏表紙に野草の小さな写真を並べた。多くの人にとって、玉川上水を散歩しながら「よく見かけるけど、何という名前なんだろう」という野草があるはずで、そういうときに役立つように、花の写真を一覧にした。

同じ調子で夏号と秋号も作った。秋号では「オリジナル秋の七草」を選んだ。秋の七草は平安時代に奈良で選ばれたもので、ハギ、キキョウ、フジバカマ、クズ、ススキ、ナデシコ、オミナエシの7種である。奈良の林には暗い林に生える野草もあるが、それらではなく明るいススキ群落の野草が選ばれた点が興味深い。それらの多くは玉川上水にもあるのだが、フジバカマはもともと関東にはない。思えば奈良で選ばれた野草を日本中で探すというのはおかしなことで、それぞれの場所にオリジナルな秋の七草があってもいいはずだ。そう考えてお気に入りの玉川上水の秋の七草を投票で選ぶことにした。その結果選ばれたのはススキ、センニンソウ、ツユクサ、ツルボ、ヤマハギ、ユウガギク、ワレモコウである（口絵1）。

ススキとヤマハギは奈良の七草と共通だったが、それ以外はオリジナルなものだ。センニンソウはつる植物で玉川上水では柵によく見られ、純白の花が溢れるように咲き実に美しい。ツユクサは玉川上水であればどこにでもあり、なじみの野草だが、その青は目に染みるようなきれいさで、黄色いおしべとの配色がすばらしい。ツルボは玉川上水の日当たりのよい歩道に群落をなし、ピンクのかわいい花をたくさんつける。ユウガギクは秋の野菊で、清楚な美しさがある。ワレモコウは海老茶色のボールのようなユニークな花をつけ、人の背丈ほどもある大型の野草だ。こうして選ばれた七草はつる植物、単子葉と双子葉、草本と低木などさまざまであり、まさに生物多様性を象徴するようでとても良いチョイスだった。奈良の貴族が選んだクズが東京の庶民に選ばれなかったのもおもしろいと思った。

このように、日本中で「うちのオリジナル秋の七草」が選ばれたら楽しいことだろう。同時に七草が生えるような環境づくりが進めばもっとすばらしいことだ。それには特別のことは要らない。空き地を作って時々樹木が伸びすぎないように剪定すれば東京でさえススキ群落は生まれ、他の野草も生えてくる。

冬号は開花する植物がグッと少なくなるので特別とし、冬以外を含めて果実の号とした。冬号には野外で撮影した果実の写真の他に、採集してきた果実とその果実から取り出した種子をシャーレに並べた写真を添えた。そのため他の号とはレイアウトも違うものとなった。さまざまな果実が並んで楽しい雰囲気のものができた。

これらの表紙は春号が新緑をイメージする薄緑色、夏号は水色、秋号は紅葉を連想させるオレンジ色、冬号は樹皮をイメージする枯葉色とした。そしてそれぞれの号にのせた花や果実のスケッチをレイアウトし、題字はその背景になじむ色を選んだ。こうして4冊が揃うと、色違いの楽しさがあるものになった。

市民科学の成果としての花マップ

花マップの冊子を作る上で心がけたのは、科学的正確さとともに、野草の美しさ、野草を観察することの楽しさを表現するということだった。そしてそれらに通底していたのは、情報や作品をオリジナルなものにするということだった。こうしてでき上がった冊子は文字通りオリジナルなものとなり、同じものはどこにもないと胸を張れるものになった。記録に厳密さを求め、締め切りをうるさく言ったことは申し訳なかったが、でき上がった冊子を手にしたみなさんは花マップのデータはもちろん、写真やエッセーに自分のものが使われていたことを喜んでくださった。

「花マップ」4冊のうち春の号

　もし私が植物好きが植物の名前を確認しあったり、写真を見せあったりして楽しめばよいと思っていたら、分布情報は取れなかったし、もし私が、野草の分布情報が取れればよいとしか思っていなければ、見て楽しむような冊子はできなかったに違いない。

私は冊子が科学的であり、かつユニークで美しいものにしたいと思ってグループを牽引したが、ではよいリーダーがいればこういう冊子ができるかといえば、そうではない。花マップのメンバーは私の意図を正しく理解し、さまざまな事情があったに違いないが、毎月歩いて野草を確認し、撮影し、それを記録とともに私のところに送るという地道な作業を続けてくださった。こういう理解者がある程度の人数いなければ、このような冊子は決して作ることはできなかった。その意味で、私は市民科学としてのこの活動を誇らしく思う。

すでに触れたように、玉川上水の自然はとりたてて豊かとは言えない。そこでもこういう冊子ができたのだから、日本中の至るところにある、もっと豊かな自然がある場所で同じような冊子は確実にできるにはずだ。各地で科学的に正確で、個性的なこの種の冊子ができることを期待したい。

第2章　花ごよみ

２０１７年の春に始めた「花マップ」の活動は翌２０１８年の6月くらいで一応の区切りをつけた。もともとは冊子が目的ではなかったのだが、実際に冊子が完結すると、「できた」は「終わった」という感じを持つ人もいたようだ。確かに現時点でのおもな野草の分布は明らかになった。そうではあるが、私は自然の観察に終わりはないと思っているので、続けようと思った。そして内容を少し変えて継続することにした。それは「花ごよみ」である。本章では「花マップ」に続く「花ごよみ」の展開を紹介したい。

「花ごよみ」を始める

「花マップ」を記録したときも「今月の花」を決めて記録したから、季節は強く意識したものの、記録は月1回とした。しかし花ごよみの記録としては1カ月に1回はどうしても間隔が広い。たとえば4月の上旬に観察した後、5月の下旬に観察した場合、4月の下旬に咲いて5月の中旬で開花を終えた野草があったら見落としてしまうことになる。そこで見落としを抑えるために観察頻度を1カ月に3回にした。ただし歩く距離は自由にした。つまり植物の記録の時間と空間を考えると、「花ごよみ」では空間はゆるくする代わりに時間は厳しくすることにしたというわけだ。これに参加する人は「花マップ」の時よりは少し減り、植物に詳しい人の少数精鋭になった。そこで「今月の花」は取り下げ、見た植物はなんでもどうぞということにした。

1カ月に1回でもたいへんだったのに3回となるとさぞかしと思うかもしれないが、場所の特定がない分、短時間でも可能なので、負担はさほどでもなかった。その代わり、データの記録はかなり大変になった。毎月、上旬、中旬、下旬にたくさんの花や果実の写真が届くので、横軸に12カ月分の36の列があり、縦軸には植物の名前を書いた表に記録を入れていくから、作業量はかなりのものになった。植物に親しんだ人が多いので、報告される植物もかなり網羅的になって、花マップの時には省いていたイネ科なども入るようになり、現在では500種以上が記録されている。

花ごよみを始めて気づいたこと

「花マップ」の時もそうだったが、同じ場所を何度も繰り返して訪問すると、前回にあった花がどうなったか気になるようになる。「この前つぼみだったけどあの花は今度は咲いているかな」

「花ごよみ」データの一部。実際には12月下旬まで、植物は500あまりある

花	2月			3月			4月			5月			6月			7月			8月		
	上	中	下	上	中	下	上	中	下	上	中	下	上	中	下	上	中	下	上	中	下
コハコベ	●	●	●	●	●	●	●														
オランダミミナグサ	●	●	●	●	●	●	●	●	●	●	●										
オニタビラコ	●	●	●	●	●	●	●	●	●	●	●	●	●	●	●	●	●				
コブシ		●	●	●	●	●	●														
フキ		●	●	●	●	●	●														
シュンラン		●	●	●	●	●	●														
アズマイチゲ			●	●	●																
キクザキイチゲ			●	●	●	●															
アマナ			●	●	●	●	●														
バイモ			●	●	●	●	●														
ヤマブキ			●	●	●	●	●	●	●	●											
ハハコグサ			●	●	●	●	●	●	●	●	●	●	●	●	●	●	●				
カタバミ			●	●	●	●	●	●	●	●	●	●	●	●	●	●	●	●	●	●	●
ミミガタテンナンショウ				●	●	●	●														
フッキソウ				●	●	●	●														
カキドオシ				●	●	●	●														
クサノオウ				●	●	●	●	●													
アケビ				●	●	●	●	●	●												
ムラサキケマン				●	●	●	●	●	●												
ヒメウズ				●	●	●	●	●	●												
エビネ				●	●	●	●	●	●	●											
ナガミヒナゲシ				●	●	●	●	●	●	●	●	●	●	●							
モモジイチゴ					●	●															
ヒメニラ					●	●	●														
カタクリ					●	●	●														
セントウソウ					●	●	●	●													
イチリンソウ					●	●	●	●													
シャガ					●	●	●	●	●												
ヤエムグラ					●	●	●	●	●												
ニリンソウ					●	●	●	●	●	●	-										
クサイチゴ					●	●	●	●	●	●	●										

という具合に、具体的な個体を確認することになる。それは同じ「見た」といってもかなり意味が違う。「花ごよみ」は訪問1カ月に3回だから、つぼみが花になり、花が終わり、緑色の果実ができてそれが赤くなって、という季節変化が捉えられるようになる。場合によっては突然なくなって、なんらかの「事故」が起きたことにも気づくことがある。とてもいい状態できれいに咲いていたフデリンドウが次の時に掘り取られているのを見てとても悲しい思いをしたこともある。そういうことは漠然とフデリンドウという種を見たというのとは知り方のレベルが違う。

春にだけ咲く野草

私は鳥取県で生まれ育ったが、子どもの頃から動植物が好きだった。大学生になって仙台で過ごしたが、冬が厳しく長いので、春の待ち遠しさが強くなった。春と秋のどちらが好きかという質問がなぜあるのかと思うくらい、圧倒的に春が好きである。大学1年生の春に郊外に出かけて雑木林で白い小さい花を見つけて息を飲んだ。白いといっても透明感のあるような白で、植物体は10センチメートルほどの小さなもので、その上に直径5センチメートルほどの花がついていた。後で図鑑を調べたらそれはアズマイチゲという花であることがわかった。その後、カタクリやヒトリシズカなどの花も覚えたが、早春の薄緑色の林の中で咲くこれらの花に強く印象づけられた。

その後、植物についていろいろ学ぶようになったが、同じ早春に咲く花でもアズマイチゲやカタクリは夏になったら、花はいうまでもなく、葉も茎も枯れてしまい、翌年の春まで地下の地下茎に栄養を蓄えて休眠するということを知った。

春に花を咲かせて夏には枯れてしまう一群の植物は「春季草」といわれることがあるが、それはスプリング・エフェメラル（spring ephemeral）を訳したもので、スプリングは春、エフェメラルは「はかないもの」という意味で、エターナル（eternal、永遠）の反対語である。

春季草というと春に咲くということしか表現されず、はかないという意味は表されない。それで「春の妖精」と呼ばれることもあるが、妖精には不思議さはあっても、はかなさという意味はないし、人の姿を連想させるので、花の呼び名にはふさわしくないと思う。そこで私は大和言葉の「たまゆら」を使って「たまゆら草」というのはどうかと思う。春という言葉はないが、夏や秋のたまゆらな草はないので、「たまゆら草」と言えば春の草としていいと思う。

思えば私は仙台の学生時代から今まで、春になるとこれらの花に出会うのを楽しみにしてきたような気がする。仕事の関係で仙台を離れて東京に来ることになった時、仙台でアズマイチゲやカタクリを見てたくさん写真を撮った。その時は「東京に行けばもう会えないかもしれない」という思いがあった。玉川上水を散歩する時も、春になると自然と目は早春の野草に注がれる。そしてウグイスカグラやタチツボスミレ、フデリンドウなどを見つけた。ただ、これらは早春に開花するが、植物体は夏にも秋にもあるから「たまゆら草」ではない。

玉川上水の「たまゆら草」の開花時期

花	3月			4月		
	上旬	中旬	下旬	上旬	中旬	下旬
アマナ	○	○	○	○		
バイモ	○	○	○			
アズマイチゲ	○	○				
カタクリ	○	○	○	○		
キクザキイチゲ	○	○	○			
ヒメウズ		○	○	○	○	○
ニリンソウ		○	○	○	○	○
イチリンソウ		○	○	○	○	
フデリンドウ			○	○		
ジロボウエンゴサク			○	○	○	

そんなあるとき、思いがけないことに通勤途中に玉川上水沿いでアマナを見つけて驚いた。アマナはまさにたまゆら草である。驚きとともに、喜びもあった。「やあ、ここで会うとは思っていなかったよ」という感じだった。それだけではない、その後カタクリ、アズマイチゲ、キクザキイチゲ、バイモなどもあることがわかった。これらはコナラなどの落葉樹林の下に生える。アマナは明るい場所にも生えるが、玉川上水では林の下に生えていた。

林の明るさを調べる

私は明るさを測定する照度計を手に入れて林の明るさを調べてみた。その結果を見ると、3月上旬には枝しかないので林は明るく、新芽が伸び始める3月下旬になると一気に暗くなっていった。

たまゆら草の開花を「花ごよみ」のデータから確認してみた。このうちアマナは4月中旬まで咲いていたが、ほかのものは3月下旬で咲き終わった。少し遅れて3月中旬から咲いたものにヒ

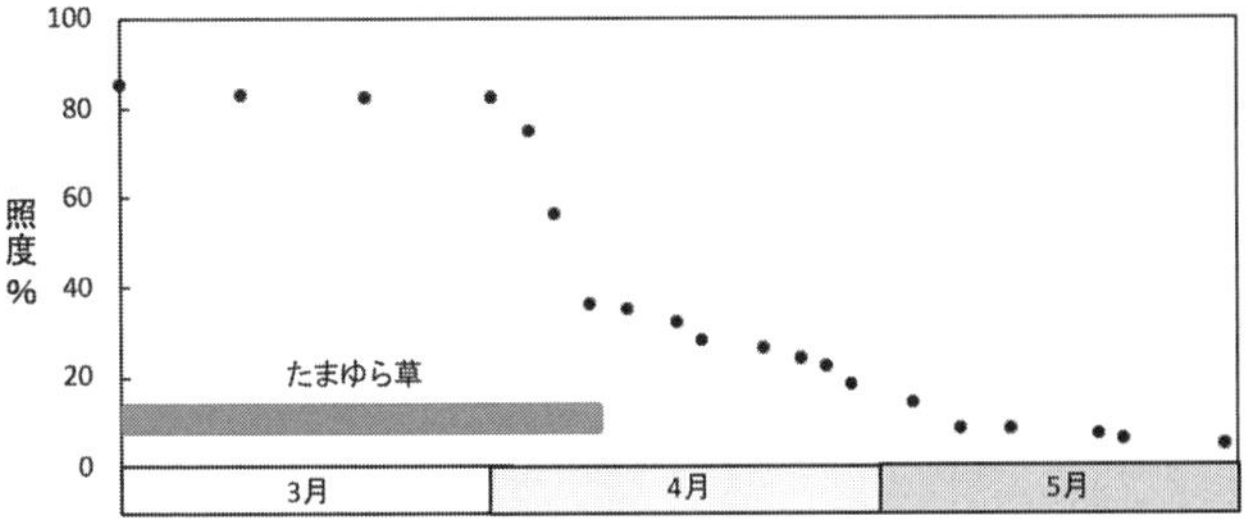

玉川上水の落葉樹林で測定した照度と「たまゆら草」が生育していた時期。焦土の数字が大きいほど明るい

メウズ、ニリンソウ、3月下旬から咲いたものにイチリンソウ、フデリンドウ、ジロボウエンゴサクがあった。

これらは、照度が30％程度になるかならないかという段階までに咲き終わることがわかる。つまり樹冠の葉が展開して空が見えにくくなるくらいまでには咲き終わっているということである。その後5月に入ると照度はさらに低くなり10％を切るようになるが、こうなると新緑の季節は終わり、コナラなどの緑も鮮やかな緑に変わる。私は「ああ、今年も春が終わってしまった」とため息まじりに思う。

早春に咲く意味

思えばこれは不思議なことに違いない。植物が光合成をするためには水と光と二酸化炭素が必要で、光合成は一種の化学反応だから明るくて暖かいほうが合成は活発になる。そうであれば春よりも夏のほうが光合成にはつごうがよく、現に植物は春より夏に多くなる。そうであるのに、たまゆら草はその夏に地上部を枯らせてしまうわけで、これは光合成の原理から言えば合理的でないということになる。

ここではこの一見不合理なことの意味を考えてみたい。唐突だが、私たちヒトは雑食性のサルである。そのヒトの価値観から見るとライオンはガゼルなどを捕まえて食べるから強くて残酷な動物とみえ、「百獣の王」などと呼ばれる。一方、ガゼルは臆病で走るのが速い、おとなしくて平和的な、それだけに可哀想な動物に見える。しかし研究でわかったことは、じつはライオンの狩りの成功率は低く、ライオンはいつも空腹で、ほかの動物が獲ったものを横取りをしたりするけっこう惨めな生活をしているという。それは栄養価の高い食物を食べる、肉食という消化生理学的必然から生じた生物学的な特性である。これに対してガゼルはつねに外敵を気にしながらおずおずと生きているが、反芻という特殊な消化生理を獲得したおかげで、どこにでもある草を食べることができる。だからライオンのように、ごく限られた、逃げ回る「食物」を確保する苦労はない。そう考えれば、ヒトの価値観で「すごい」とか「かわいそう」と決めつけるのは大いに筋違いということになる。

同じ哺乳類でもそうだから、ヒトが植物のことはわかりにくいのは当然かもしれない。私たちは、植物であれば明るくて暖かい季節に光合成をすればいいのにと思うが、たまゆら草はそうしないどころか、茎も葉も枯れて消えてしまう。これはなぜだろう。

光をめぐる植物の競争は熾烈《しれつ》である。だからできるだけ高い位置で光を受けようとどんどん伸びる植物がある。雑草類はだいたいそうだし、ヌルデとかアカメガシワのような明るい場所に生える木も驚くようなスピードで伸びる。またクズのようなつるはちゃっかり他の植物の高さを利用してニョキニョキと高く伸びて、大きな葉で光を受けるから、他の植物からすれば光を奪われることになる。そうなるともともと草丈の低い草はとても競争には勝てない。

林の下ではもともと光は十分にないから、明るい場所を好むススキやクズのような植物は生えることができない。そして暗くても光合成ができるタイプの、玉川上水でいえばヒメカンスゲ、シュンラン、ジャノヒゲなどの草が生える。こういう草も光を求めるから、同じ場所に複数の植物が生えることになると背の低いほうが競争に負けて消えていくことになる。その競争は多くの植物が活発に光合成し、葉を伸ばす夏に熾烈になる。

そうであれば、初めからその勝ち目のない競争のリングには登らないという生き方をする植物があってもよいはずだ。ほかの企業がしない仕事を見出して入り込む職業上の隙間のことを「ニッチ」というが、生態学では生物の生態系における地位のことを「エコロジカル・ニッチ」つまり生態学的地位という。たまゆら草は光合成ができない寒い冬は休眠しているが、林が明るくなり、光合成が可能な温度になった早春に芽生えて開花し、そのほかの植物が生えて光をめぐる競争を始める頃にはもう光合成を終えて生産物を地下に移動させ、潔く枯れてしまう、そのようなニッチを開拓した。そして地上でほかの植物たちが競い合っているときには、もう地下で来春まで眠るという生き方を選んだ。卑怯者というものがあれば「言わば、言え」だ。いたずらに抗《あらが》うことだけが立派な生き方ではない。無用な諍《いさか》いを避けることこそ賢者の生きる道というわけである。

生物がそう考えたのではない。懸命に生きて次世代に命をつなぐすべての生物は、その懸命さの結果として驚くべき多様な生き方を編み出した。生物の進化とはそういう創作の大舞台といえる。たまゆら草の存在は、その進化が編み出した生物の多様性の見事な一例と言える。

季節を感じる

私はこういう野草の生き方を東京という大都市で観察することができることを実にすばらしいことだと思う。早春になり、光が明るくなって玉川上水に行けば、多くの人が気づかないで通り過ぎる林の片隅に、小さな花が咲いている。その小さな花には、壮大な進化のドラマを読みとることができるのだ。

たまゆら草は野草好きの私たちを喜ばせるが、そのほかにも早春に咲く花はある。ウグイスカグラなどの低木を除いて草だけに限っても、私たちの花ごよみの記録を見ると、シュンラン、フッキソウ、スミレ類、ウラシマソウなどいろいろある（42ページの表）。

初夏になるとエゴノキ、ウツギ、コゴウツギなど白い花が咲くようになる。

玉川上水の夏を代表する野草の一つはノカンゾウだろう。その少し前にホタルブクロが咲くが、その花の色は場所によってほとんど白のものから、割合濃いめの紫色の模様があるものまで変異がある。

暑いと思っていても、やがてミズヒキ、ツリガネニンジン、キツネノカミソリなどが見られるようになると秋の気配が感じられるようになり、ユウガギクやシラヤマギクなどの野菊が目立つようになる。

コナラの葉が黄色に色づくのは11月の終わりから12月にかけてで、木枯らしのたびに葉が少なくなり、それまで目立たなかったムラサキシキブなどの果実が存在をアピールするようになる。ヤブランやジャノヒゲも目立たないながら色づく。寒いが明るい林を歩くのは楽しみなものだ。

このようにコツコツと花ごよみの観察をしていると、季節に敏感になるように思う。思えば俳句に見るように、季節に関心を寄せるのは日本人の伝統であった。多くの日本人が農民であり、冷暖房も、冷蔵庫もなく暮らしていた長い時間、日本人は自然に向き合ってその微妙な変化を感じ取ってきた。それは農という営みに欠かせない必然的な知識だったに違いない。しかしそういう生業の必然を離れても、私たちの祖先は野草の芽ぶきに春の喜びを感じ取り、秋の枯葉に憂いを読み取ってきた。花見や中秋の名月にススキを活けるなどはそうした植物的な季節性を敏感に感じる国民性の中から生まれた習慣であろう。私たちは都会に住み、デスクワークをし、冷暖房をして一定の環境に暮らし、夏にみかんを食べたり、冬にイチゴを食べるという、昔にはあり得ない季節感のない生活をしているが、それでも日本は四季の明瞭な国であることに違いはない。花ごよみの記録をとっていると、そういう日本人の感覚に触れる喜びがある。そういう喜びが東京という大都市でも玉川上水に行けば可能であるということはありがたいことだと感じる。

アキノキリンソウ

第3章　玉川上水の歴史

牧歌的に玉川上水の野草を観察し、記録してきた私だが、第Ⅱ部で述べる事情から、それだけではいかないと思うようになった。そして玉川上水についてもっと知らなければならないと感じ、資料を調べることにした。本章ではこうして学んだ玉川上水の歴史を振り返ることにする。

玉川上水が掘られる

17世紀半ば（1654年）に作られた玉川上水は、江戸市民の生活用水確保を目的とした水路である。それまでこの地帯はススキ原で、のちに「武蔵野の雑木林」と呼ばれるようになる林は江戸時代にはなかったとされる。文献によると、八代将軍徳川吉宗の時代に大岡越前守が武蔵野の開拓が必要であるとして、川崎平右衛門定孝に新田世話役を命じたという。これは1739年の大凶作で困窮する農民の生活改善のためであった。そして玉川上水から農業用水を引くなどし、小金井桜を植えたのもその活動の一つとされる。小金井橋に近い海岸寺には1810年に建てられた石碑がある。それによると、桜を植えた目的は花を楽しむため、五日市街道を歩く旅人が休息するため、桜の花は水を消毒するためなどと書かれているという。桜に解毒作用があるのだろうかと疑問に思ったが、大貫（2003）によれば、そう信じる理由があったようだ。京都の今宮神社に「やすらい祭」という祭りがあるそうだが、これは京都の人口が増えて疫病が流行したとき、疫病を払うために、それに効果のある春の花を祀ることになったという。春の花にはエネルギーがあると感じるのは自然なことだ。そして『日本書紀』の中に稲と桜の結びつきが記述されており、桜は稲の花と見なされていたという。そうであるから、疫病を払う桜に解毒作用があると考えられたとのことだ。

当時、小金井の桜は特に有名というわけではなかったが、江戸時代を降《くだ》ると次第に有名になり、絵画を含め多くの記録が残されている。中でも歌川広重の錦絵「江戸近郊八景之内小金井橋夕照」は有名である。それを見ると、上水には水が溢れんばかりに流れ、両岸に桜の老木が描かれている。そして花見を楽しむ人がおり、橋のたもとには茶屋らしい家もあり、遠くには富士山も見える。

江戸から小金井までは六里（24キロメートル）ほどあるから、歩いて半日仕事であろう。ひ弱な現代人には無理だが、江戸の人々は江戸から歩いて小金井の花見を楽しんだようで、北斎が「金井橋桜標」というガイドマップを作っている。それによると、四谷御門から青梅街道で高円寺まで行き、西に折れて五日市街道に入って井の頭を経て玉川上水に達し、そこからは玉川上水沿いに西に進んで今の小金井に行くというコースのようだ。小金井橋のたもとに柏屋という茶屋があって、ここが宿になっていたらしい。この茶屋の建物は今でもある。江戸の訪問者のコースはここから府中のほうに南下して甲州街道経由で江戸に戻ったようだ。ガイドマップが作られるほどだから、かなりの人が桜見物を楽しんだようだ。

明治の近代化と玉川上水

近代化を急いだ明治政府にとって、東京の水事情は重要な課題のひとつであった。江戸が東京になっても玉川上水と神田川から給水していたが、これらの水質が悪くなって大きな問題となり、明治政府はオランダのファン・ドールンに東京の水道改良調査を依頼し、1874年に意見書が提出された。その後、東京府は1880年に「東京府水道改正設計書」を決め、この流れで1888年に「東京府水道改良設計書」が決まった。この計画が実行され、10年後に淀川浄水場に玉川上水の水が流されることになった。この時には汚濁していた玉川上水の水もきれいになっていた。私は知らなかったが、浄水場からの水は現在の水道のように各家庭に配水されたのではなく、町の角々に共同の水栓があるという形だったという。江戸時代には井戸の水を供用して「井戸端会議」をしていたのだから、それが水道になっただけで不便ということではなかったらしい。それどころか、それまでと違い、雨でも水が濁ることがなくなり、人々は大いに喜んだといわれている。玉川上水はそれだけでなく消防にも力を発揮し、東京の伝染病と火災が大幅に少なくなったので、明治時代の人々は近代化を歓迎したようだ。このように明治時代の玉川上水は水道システムの整備により新たに上水としての安定的機能を果たすようになった。

小金井の花見は、明治時代に入ると江戸時代以上に盛んになった。明治天皇の訪問があり、正岡子規も訪問して漢詩を残すなどしたことから知名度が高まると同時に、1889年に新宿から立川の間に甲武鉄道（現在の中央線の御茶ノ水－八王子間）が開通すると、東京都民は「歩かないでも」小金井桜が楽しめるようになり、大いに賑わうようになった。花見の賑わいとともに、1924年になって国の名勝に指定されることで、名実ともにその評価が確かなものになった。そして1925年には武蔵小金井駅ができて、さらに便利な観光地になった。

戦中・戦後

しかしその後は戦争となり、花見どころではなくなる。戦後は生活が貧困の極みとなり、物資も施設も失った状態からのスタートだったから、日本中が大変だった。そうした中で、首都東京の大変さは格別であり、水不足も深刻だったから水道の整備も重大な課題だった。玉川上水の話題としては1948年に太宰治が入水自殺をしたという事件があった。実際、玉川上水といえば太宰の死んだ場所として知っている人も少なくない。

高度成長期

１９６０年代になると高度成長期と呼ばれ、日本中が開発に邁進した。１９６４年の東京オリンピックはその象徴的なもので、日本が経済復興をし、世界に向けて平和で豊かな国になったとアピールする機会になった。

こうした流れの中で玉川上水にも大きな変化が訪れる。１９６３年には小平市に小平監視所ができて、羽村から流れてきた水は東村山浄水場に送られ、それより下流は通水がなくなった。１９６５年に淀橋浄水場が廃止され、浄水の機能は東村山に移された。同時に杉並の浅間橋よりも下流は暗渠化された（5章も参照）。１９６５年には武蔵水路ができ、東京の水は利根川から取られるようになり、１９７１年には小平監視所以下の水流が止まった。そのため玉川上水は「空堀」になり、ゴミが捨てられたりして荒廃した。

ジャーナリストの加藤辿《たどる》（１９７３）は次のように記している。

「およそありとあらゆるゴミがこの堀に投げ込まれている。古靴や空罐、発泡プラスチックはいうにおよばず、大小のボール、汚れた布団からボストンバッグに詰めた下着類、中には一ダースの箱につめたコップまである。」

にわかには信じがたいことだが、当時の人々の心の荒廃を想像させる。

「小平玉川上水を守る会」の庄司徳治さんが貴重な資料を持っておられるので、お借りした。そ

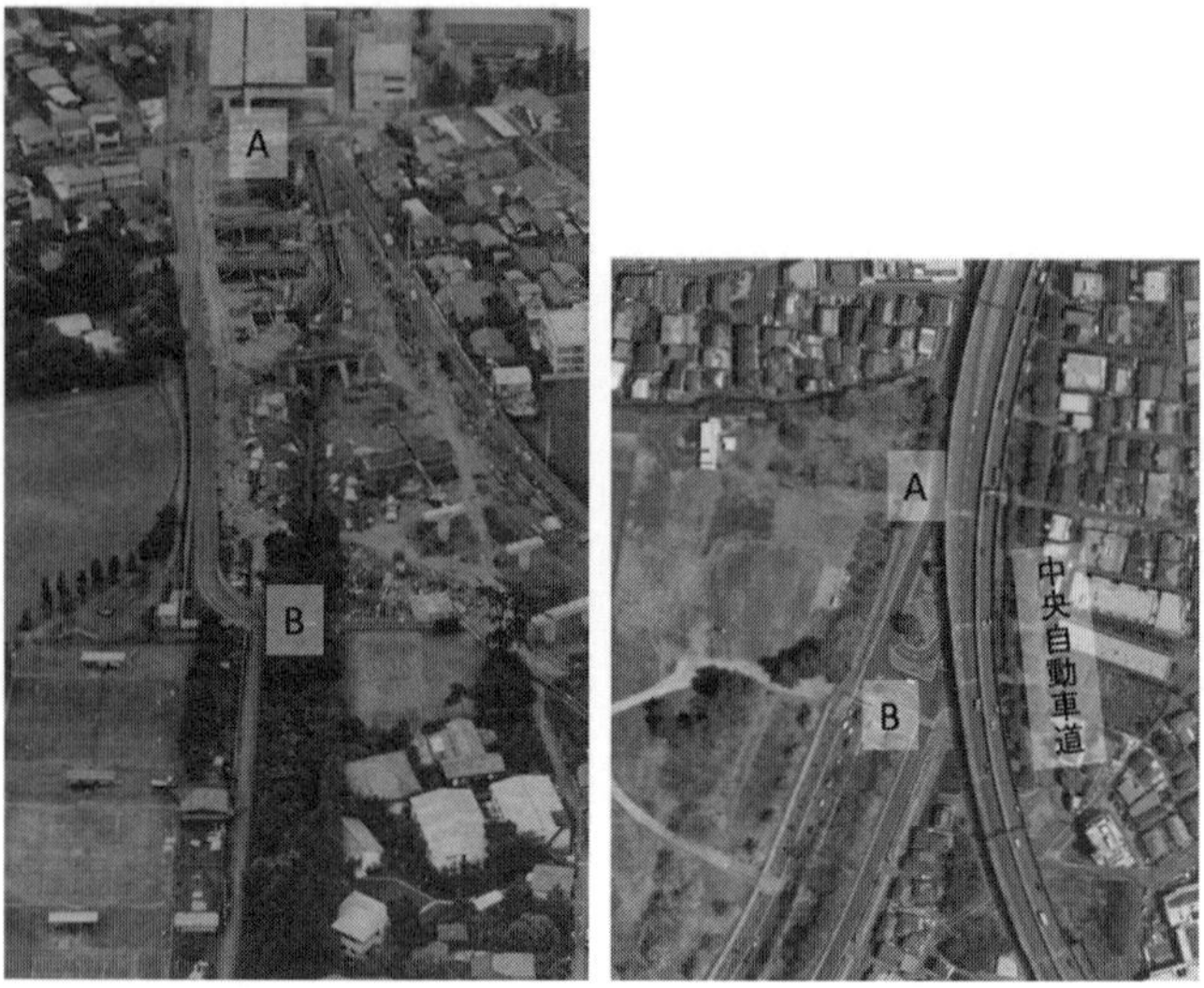

1975年　　2020年頃

浅間橋の上空から撮影した写真
左：1975 年、右：2020 年頃。A と B（浅間橋）が対応する

の中で私の目を引いた写真がある。それは杉並の浅間橋の上空から写した写真である。週刊誌のグラビアのようなのだが、残念ながら雑誌名はわからない。ただし文章から撮影年は１９７５年だということがわかる。この写真は西から東方向を撮ったもので、画面の左側にはグラウンドがある。下の中央に見える樹木の帯が玉川上水で、上の方では樹木が伐採されて水面が見える。この境界が浅間橋と思われ、今はこの上側（東側）は暗渠になっている。地面が掘り返され、建物も破壊されている。高速道路が建設中で、この部分で右側（南）に曲がる。

この時代、小金井の桜並木も影響を受けた。並木は放置状態になり、雑木が入り込んで雑木林のようになってサクラ*が被われてしまった。これとは別に1954年に玉川上水の脇に小金井公園ができて、ソメイヨシノが植えられたので、花見はそちらに比重が移ることになった。

*本書では一般的な意味では「桜」、植物学的な意味では「サクラ」と表記する。

玉川上水の自然の見直し

高度成長期の経済偏重の副作用として公害問題を含むさまざまな環境問題が発生した。それを受けてようやく1970年に環境庁（現在の環境省の前身）ができた。日本は経済復興を成し遂げたが、行き過ぎた経済優先のあり方に批判的な動きが沸き起こった。注目されるのはそれに先立つ1965年に「玉川上水を守る会」が結成されたことである。そして1967年には美濃部都知事（1967年から1979年までの3期12年）に要望書を提出した。また1974年に武蔵野市緑化市民委員会も都知事に玉川上水の保護を求める要望書を提出した。1979年には武蔵野市で道路建設計画が動き出して樹木が伐採されるとか、1980年には三鷹駅あたりに駐輪場を作るために玉川上水を埋める計画があって反対運動が起きるなど、自然保護運動が活発になった。

1980代になると、日本社会はかなり落ち着きを見せるようになった。そして、日本が経済大国であることは自他ともに認めるところになった。こうした流れの中で1982年には東京都が「マイタウン構想」が打ち出す。この時は美濃部都知事から鈴木俊一都知事（1979年から1995年までの4期16年）に代わっていた。そのあいだに1965年以来17年ほど空堀で荒廃していた玉川上水に水を戻そうという清流復活事業が具体化した。そしてついに1986年に清流復活が実現する。それは本当の復活ではなかったといえ、高度成長期に乾干しになって荒廃した玉川上水が曲がりなりにも水の流れるものになったわけである。市民は喜び、江戸時代から続いていた上水が自分たちの時代に荒廃したことについて持っていた申し訳なさから解放されたという気持ちがあったものと察せられる。

玉川上水の歴史についての資料を見ていると、ここまでが一つの時代だったと思える。高度成長時代に通水をやめ、ゴミを捨てるという心理状態にあった東京という街が、これではいけないと思う市民からの声を東京都に届け、東京都がそれに誠実に応えたと見ることができる。そこには真剣な市民の動きやそれを導いた知識人の働きもあり、市民の声を聞こうとした美濃部都知事や鈴木都知事というリーダーの姿勢があったことを見逃すことはできない。この二人はイデオロギー的には対立といってよいほど立場は違ったが、この時代は市民運動に力があり、行政側もそれに耳を傾ける空気が濃厚だった。私はこの時代を市民活動の成果が結実した時代と考えていたが、よく考えるとそうではなく市民と行政の協働の成果とみるべきだと思い直した。

そして現代

玉川上水を取り上げた新聞記事を調べると、１９９０年代になると小金井の桜に関するものが多くなり、それまで主流であった玉川上水の自然保護や市民活動の動きがパタリとなくなる。１９９５年には東京都教育委員会が「名勝小金井（サクラ）現状調査報告書」を出した。この頃は青島幸男都知事（１９９５年から１９９９年）になっていたが、青島都知事は玉川上水を都の財産と位置付けている。１９９９年には玉川上水が「歴史環境保全地域」に指定された。さらに２００３年には文化財保護法により玉川上水が国の史跡に指定され、これを受けて東京都水道局が保存計画を策定した。そして２００９年になると「玉川上水・小金井桜整備活用計画」により、小平市の６４０メートルを「モデル地区」としてサクラ以外の樹木が伐採されることになった。

玉川上水の開渠部分30キロメートルのうち小金井桜のモデル地区はわずか６００メートルほどだから、全体のわずか2％に過ぎない。残りの98％は雑木が主体の林であり、圧倒的多数の市民はそうした林の散歩をし、緑の木陰を楽しんでいる。サクラは確かに美しく、日本人に好まれる花の代表だが、しかしサクラが咲くのは1年のうちのせいぜい半月ほどのあいだに過ぎない。それに比べれば雑木の林は春の新緑、夏の濃い緑、秋の紅葉、冬の枯木立と1年を通した季節の変化を楽しみ、植物の好きな人はその下の野草を楽しんでいる。

当たり前のことは記事にならないとはいうものの、私はすぐれたジャーナリストは時代の空気を的確に捉えると思う。行政が大きな決定などを公表することを記事にするのは当然だが、それはいわばベースラインであって、そこに人々の生活や社会の特徴がどうつながっているかを捉えるのがジャーナリストの「嗅覚」だと思う。玉川上水でいえば、市民の大半が自然の価値を評価するようになったという流れを捉えることなく、行政が流す広報的な情報を受けるような形での記事しかないというのは情けない話だ。こういうことが続けば、玉川上水とは桜のある場所に過ぎないと思う人が多くなる畏れさえある。

このように玉川上水の歴史を振り返ると、玉川上水が日本社会のそのときどきの状況に応じて変化してきたことがよくわかる。私たちは現代をそうした歴史の流れの中において客観的に評価する必要がある。

第Ⅱ部

伐採の衝撃

第4章　ケヤキ皆伐の衝撃

私は引き続き、仲間に支えられながら玉川上水の「花マップ」を作り、それにつながる「花ごよみ」の記録を続けている。たゆまない記録は着実に蓄積され、玉川上水の植物についての理解が進んだ。保護上の理由から公表できない珍しい植物の発見もあった。ただ私たちは希少な植物があるから玉川上水に価値があるというふうには考えていない。むしろ私たちにモチベーションを与えているのは、ありふれた植物が毎年季節になれば花を咲かせ、果実を実らせるという当たり前のことが目の前で展開されることを確認することの喜びであるように思う。

小金井での伐採

花ごよみの活動が軌道に乗ってしばらくした2020年3月、私はなじみの小平から東隣りの小金井に足を伸ばしてみた。コナラやクヌギが多い小平とはようすが違うことは知っていたし、この区画には熱心なメンバーがいて毎回きちんと詳細な報告が届くので、生える植物も小平とは違うことは知っていた。そのことを確認するように歩いていたのだが、私の中で穏やかならざる気持ちが湧いてくるのを覚えた。そしてそれは小金井橋の近くに来たときに抑えがたいものになった。

「これはひどい」

私の目の前に広がっていたのは、立派なケヤキが伐採された痕で、私は心が痛んだ（口絵4）。このケヤキは私と同じか、それ以上の年月を生きてきたに違いない。それを容赦なく伐り、しかも数本でも残せばまだしも、すべてを伐ってあった。私の心の痛みは、伐った人への憤りになった。この時の気持ちは私の中に沸沸と残っている。そうした感情とともに、このようなことが一体どうして起きているのか、このことに小金井の人たちはなんとも感じないのか、そうしたことを知らなければいけないと思った。

小平の玉川上水

その小金井の西隣にあるのが小平である。小平の玉川上水は全体から見ると雑木林的な性格が強く（口絵2）、雑木林の下に生える低木や野草が多く生えている（口絵3）。

また、鳥類も豊富で、私たちが調べた4カ所のうち、ここに一番多くの鳥がいた（第14章）。それにタヌキもいて、他の生き物とつながりを持って生きている（第14章）。

このように小平市の玉川上水の樹林は武蔵野の雑木林の面影を残しており、市街地化が進んだために雑木林が失われたので、多くの動植物が玉川上水をレヒュージア（避難所）として生き延びている。

小平市民の自然に対する意識

こうした玉川上水の自然に対して小平市民がどういう印象を持っているかを調べた小平市による世論調査（「小平市政に関する世論調査報告書平成28年」）によれば、小平市民の84・2％が「ずっと住み続けたい」もしくは「当分住み続けたい」と回答し、その理由として「自然環境がよい」が最多で、60・1％の人がこれをあげている。

また、環境に関するアンケートでは小平市の環境でよいと思う内容は「用水や緑といった自然の豊かさ」がトップで64・5％を占めている。

私は2015年に大学を辞めてから玉川上水を頻繁に歩くようになった。それから7年が経過したが、コロナ禍が始まった2020年の春からは明らかに玉川上水を歩く人が増えた。それまでも小平では玉川上水を歩く人は他の場所より多いと感じていたが、今ほどではなかった。私のようなリタイア組は遠出もできなくなったし、怖くて電車にも乗りたくないので、家にこもりがちである。そうなると、近所の玉川上水でも散歩しようという人が多くなるものと思われる。仲

玉川上水で散歩を楽しむ小平市民

の良さそうな高齢のご夫妻がのんびりと歩いているかと思えば、家族で楽しそうに散歩をするのも見かける（上写真）。特に週末には若い人も加わってにぎやかといってもいいくらいの人がいるようになった。景色を見ながらの人が多いようだが、中には植物を眺めている人もいるので、小平市が２０１６年におこなったようなアンケートを今行ったら、玉川上水の評価はさらに高くなっているのではないだろうか。その意味で、よい林の残っている玉川上水の価値はより大きくなっていると思われる。

〈コラム1〉 松本虎雄先生の殉死

お年寄りに話を聞くと、「玉川上水というのは人喰らい川といって、内側にえぐれているから落ちたら出られなくなって溺れ死んでしまうというので、近づくのも怖かった」という意味の話をする。当時の玉川上水は全然ようすが違ったようだ。

1919年に麹町の永田尋常小学校が井の頭に遠足に行った時に、小学3年生の男の子が玉川上水に落ちてしまい、助けようとした松本虎雄という教師が溺死したという事故が起きた。今でも井の頭の万助橋の近くに石碑がある。

教職が聖職とされた当時、子どものために犠牲になった松本先生の死は「殉死」とされ、盛大な葬儀が行われた。この時代は日本社会が軍国主義に向かうときであった。この事件の3年後の1922年に宮城県の小野さつきという師範学校を出たばかりの21歳の女性教師が、川に溺れた3人の生徒を救うため川に飛び込み、2人を助けたのち、さらにもう1人を助けようとして力つき、その子とともに溺死するという事故が起きた。その死は松本先生を遥かに凌ぐ反響があったという。これを取り上げて、これが学制頒布50年というタイミングであったこと、軍人の殉死と重ねることで、その死を美化する流れの中で起きた社会現象と捉える研究もある（岩田2000）。

今から百年前、桜が明るく咲く花から潔く散る花へと意図的に変容させられた時代があった（大貫2003）。

シジュウカラ

第5章　初めての行政との折衝

第3章では小金井の桜に焦点を当てる形で玉川上水の歴史を振り返った。そして第4章では小金井でケヤキが皆伐されたことに衝撃を受けたことを書いた。私は玉川上水の自然を良い形で守り、次世代に引き継ぐ必要があると考えるようになった。そして、関係する行政と折衝をするという、これまでしたことのない体験をすることになった。この章ではそのことを紹介したい。

保護と保全

ここで「保護」と「保全」という言葉が出てくるので、違いを確認しておきたい。

「保護」というのは弱いものを守るという意味で、自然保護の歴史はこの考え方でスタートした。実際、自然保護が始まったヨーロッパの自然は脆弱で、人が守らないと失われるものが多い。そのことに加えて、ヨーロッパではキリスト教の影響で、人間が地球を支配するのだからその責任において自然を良い状態にしなければならず、弱い自然を守るべきだという考え方が一般的であった。日本の自然保護もその輸入版という面があり、尾瀬湿原の保護がその象徴的なものであった。これは現在の知床、白神山地、屋久島など原生的な自然にとって必要な考え方で、一般には自然保護とは原生自然を守ることと思われている。マスコミでトキやコウノトリの復活、ライチョウの保護などが取り上げられるが、これらはこのような考えによる活動といえる。このように原生的な自然が貴重で、手厚く守らなければいけないということについては社会全体で共通の認識があると思う。

しかし、日本列島においてそのような原生的な自然は点のようにしか残っておらず、大半は多かれ少なかれ人の影響を受けている。代表的なのは里山の自然である。里山とは大きく言えば農業活動を営む土地である。これは原生的な自然とは違う。里山には田畑はもちろん農業に不可欠な雑木林もある。雑木林は田畑に比べれば自然度が高く、コナラなどを主体とし、林の下にはさまざまな野草が生え、昆虫や鳥類も豊富である。自然保護のシーンにおいて、初期はこのような人の影響を受けた自然は守るべき対象ではなかった。しかし1980代からは里山の価値や意義の見直しが起こった。里山には茅場《かやば》、つまりススキ群落があり、維持されてきた。その維持とは刈り取りをしてススキ群落が森林にならないように管理をすることである。つまり、人が手をつけないで「守る」のではなく、人が関わりを持つことによって維持される自然もあり、そのような自然の維持には「保護」ではなく「保全」という考え方で接するべきだという考え方が生まれた。

自然保護は英語では“nature protection”である。プロテクトは野球のキャッチャーがボールから足を守るのに使う装備をプロテクターというが、あのように弱いものを外部の悪影響から守るという意味である。一方、保全は“conservation”と言う。これは守るという意味もあるが、大切にする、あるいは節約するという意味もあり、使うという感覚がある。自然の保全という場合は、人間があるべき自然のビジョンを持ち、それに向けて、たとえばある動物が少なくなれば「保護」するが、外来種が増えて生態系が悪影響を受けていれば、その外来種を抑制するというような働きかけもする。その意味で保護とは一線を画したものといえる。里山における雑木林は薪《まき》を採るために周期的に伐採を繰り返したし、茅場を維持するために繰り返し刈り取りをしたから、文字通り「保全」をしながら持続的に利用してきた「半自然」というべきものである。

里山でもそうだから、都市の緑地は当然、保護も必要だが、管理も必要となる。公園などには都市住民の安全や快適さが求められる。そのため、雑草を除去するとか、低木が育ちすぎると剪定する、あるいは樹木が繁りすぎたり、老齢化すると住民に迷惑がかかったり、道路に危険が生じるため、剪定や伐採が行われたりもする。数年前に代々木公園で蚊によるデング熱患者が発生したときは、殺虫剤を散布して蚊を退治したが、これなども管理の例といえる。だから都市緑地は守りながらも、里山以上に管理という姿勢が強くなる。

玉川上水は東京に残った都市緑地だから、やはり保護というより保全の考え方に基づいて行われることになる。その上で、私たちは玉川上水の自然の豊かさを知り、玉川上水には玉川上水に適した保全のあり方を模索することが必要であろう。

行政との折衝

「ケヤキ皆伐の衝撃」は私の中に強く残り、このようなことが小平や玉川上水の他の場所にまで拡大されたら、生物多様性の保全という意味で深刻な結果をもたらすと予想されたため、じっとしておられない気持ちであった。私は小平市の教育委員をしていたので、当時の小林正則市長と談話することがよくあった。小林市長は動物に関心を持っておられて、私と話すときはよくNHK総合の番組『ダーウィンが来た』の話を持ち出された。そして話は人と自然のあるべき関係に波及し、玉川上水のこともよく話した。私は同じ玉川上水でも小平の自然は特別であり、小金井のようにサクラ以外を伐採するようなことには絶対しないでほしいと話した。

小林市長はそのことをよく理解してくださったが、玉川上水が小平市を流れているといっても、玉川上水は東京都の管理下にあるから、市に権限はなく、あくまでもお願いしかできないということであった。そのあたりは、私たち東京都民であり、小平市民でもあるものからすれば、小平市を流れる玉川上水なのだから小平市民の声が反映されるべきだと思うが、市長の立場としては制約があるということは理解できる。そのような制約はあったのではあるが、小林市長は小池都知事に対して一種の要望書を文書で送り、その中でサクラの補植をする場合は生物多様性が高い生態系が維持されるよう配慮してほしいということと、その時期や方法について事前に地域住民に聞く場を設けてほしいということを申し入れてくださった（2020年6月26日の文書）。

私は「ケヤキ皆伐の衝撃」を仲間に伝え、同意してくれた団体と連名で小平市と東京都に対して要望書を提出した。その内容を紹介する。

要望書

2020年7月4日

「玉川上水の豊かな自然を壊す桜の植樹はしないでください」

玉川上水は江戸時代に作られた運河ですが、現在は市街地に続く緑地として多くの市民に親しまれています。その中でも小平市は玉川上水の中央部をカバーし、緑の幅も広く、かつての武蔵野の雑木林の面影を残す植生が残っています。小平市によるアンケート調査によれば、小平市民は玉川上水の緑を含む市内の自然に親しみを感じ、大切なものであると感じており、そのことが「小平市に永住したい」という理由にもなっているとのことです。

一方、玉川上水は「小金井サクラ」でも知られています。小金井サクラは江戸時代から有名で、現在でも小金井の桜並木は市民に親しまれ、名勝として管理されています。桜は日本人に愛される樹木で、「はな」と言えば桜を意味するほどです。したがって、それ自体はよいことですが、玉川上水の自然との共存という意味では以下のような問題があります。

桜の花を見て楽しむために、他の樹木を伐採しますから、その場所が林であれば林がなくなります。また桜が欠損すると桜の苗を植えて更新するために桜以外の樹木を伐採します。写真は2020年3月の小金井市の玉川上水の様子で、桜以外のケヤキなどの大木が軒並み伐採されています（著者注＝口絵4）。

桜の苗を植えてからも、桜の生育のために、再生した樹木も繰り返し伐採します。それは桜にとっては好都合なことですが、その他の樹木は存在できなくなります。それだけではありません。桜並木にするためには桜の樹木を数メートルの間隔で離して育てます。そうするとその間の場所には直射日光が当たるので、ススキとかセイタカアワダチソウなどの陽性の草本類がはびこります。そうなると、もともとの林の下に生えるニリンソウやカタクリのような野草は生えることができなくなります。さらには、これらの植物を利用する昆虫、その昆虫を食べる動物たちも暮らせなくなります。

我が国は１９９３年に生物多様性条約を締結し、２００８年に生物多様性基本法を定めて生物多様性の保全に重点を注ぐことにしました。そうした流れで東京都も小平市も生物多様性と自然との共存を重視しています。「生物多様性」という言葉はよく耳にしますが、具体的に言えば、さまざまな生物がいること、そしてそれらがつながって生きていることの重要性を意味します。そのような観点に立てば、桜を愛でるというのは、桜だけを取り上げて、他の樹木、ましてや野草などのことはまったく考えないのですから、生物多様性保全の精神に反するものです。

もちろん、生物多様性が全てではなく、日本の伝統文化としての桜の花見は尊重されるべきものですが、玉川上水全体はそのためにあるのではありません。そこには武蔵野の雑木林にあったコナラやケヤキの樹木、その下に生えるニリンソウやカタクリなどの草本類、また場所によってはススキやワレモコウなどの野の花が生き延びています。これらは、かつては玉川上水周辺に豊富にありましたが、宅地化の波によって失われ、今の玉川上水に逃げこむような形で生き延びています。その意味では玉川上水は「レフュージア（避難所）」の機能を果たしていると言えます。

私たちはこのような観点から小金井市で進められている桜重視の植生管理は小金井市にとどめ、それ以外の範囲に拡大して欲しくないと考えます。少なくとも小平市においては、多くの市民が現状の林のある玉川上水を好ましいと評価しており、そこの樹木が伐採されて桜並木になることを望んではいません。その市民の考え方は、文字通り生物多様性の精神と軌を一にするもので、小平市、東京都、我が国の自然に対する姿勢に合致するものです。
小平市と東京都は、このような小平市民の期待に背くことなく、小平市においては桜を植えるために、残された豊かな森林を伐採しないでいただきたいと強く望みます。

これを玉川上水花マップネットワークを筆頭として提出したが、以下の団体が連名してくれた。小平市玉川上水関係者連絡会、玉川上水46億年を歩く、ちいさな虫や草やいきものたちを支える会、地球永住計画、どんぐりの会、みどりのつながり市民会議。

これは通常の行政に提出する要望書とはかなり違うかもしれない。文章が「ですます」調だし、内容も生物学的な説明が多くなっている。しかし私は既存の常識にとらわれることはないと思い、自然体で書いた。
これが私にとって初めての行政への直接的な交渉となった。

第6章　赤テープの衝撃

前の章で保護と保全は違い、都市緑地は保全が必要だ、つまり管理されるべきものだと書いた。当然、玉川上水の自然はそのように管理されるべきものであり、とくに住民の危険防止は大前提となる。このため危険が懸念される樹木は剪定や伐採がおこなわれている。私たちは、それは必要であることを認めた上で、しかし必要のない伐採はして欲しくないと考える。その理由は小平市においては住民が玉川上水に雑木林のような林があることを好ましく感じ、その状態を維持してほしいと願っているからである。そのため私は小平市の林は伐採されることはないと安心していたのだが、そうでもないという思いがけないことになった。本章ではそのことを紹介したい。

小平市東部での伐採予定

２０２０年の９月下旬に玉川上水花マップネットワークのメンバーから花マップのための観察中に小平市の東側にある喜平橋－西屋橋間（橋の位置は口絵10）に多数の赤テープが巻かれてい

るという報告があった。赤テープが巻かれているというのは伐採予定という意味である。慌てて現地を見に行った。私が見る限り、風で倒れる危険があるような木はほとんどなかった。そして「株立ち」といって一カ所から何本もの幹が出ているケヤキがたくさんあったが、このすべてに赤テープが巻いてあった（口絵5）。このような株立ちの木は細いので風で倒れたり折れたりする可能性が低いだけでなく、仮りに伐るにしても皆伐する必要はなく、一本だけでも残せば、やがて育って景観的には林の状態を保持できる。皆伐に近い強伐をおこなうことは景観を大きく変えるだけでなく、林の下に生える野草にも決定的な影響を与える。このことは玉川上水の生物多様性保全という意味で大きな問題を残すことが危惧される。

東京という街

私たちの住む東京という街は、邪魔であるから、危険であるからといって、あたかも電柱か廃屋でも片付けるかのように樹木を伐採する。季節の移ろいに合わせてさまざまな表情を見せる木を見れば、まちがいなく私たちと同じく生きているいのちであることがわかるのに、そのことを知らないかのようにやすやすと伐採する。ある日、突然大きな木が伐られるというのは私たちが日常的に目の当たりにすることである。そのことに慣れていくことを恐ろしいことだと思う。

邪魔なれば伐るを選ぶかこの街は
樹々のいのちのなきが如くに

私は、その少し前に小金井の玉川上水で無残に伐採されたケヤキの伐採痕の年齢を調べて、それらがほぼ自分と同じ齢であることを知り
「ああ、この木たちも私と同じ時間を過ごしてきたのか」
と、共感のようなものを感じていたのでなおさらであった。

我と同じ星霜《とき》を過ごしし欅《ケヤキ》なれば
伐るとの告《し》らせ受け入れ難し

樹木を調べる

そこで、10月3日に「花マップ」のメンバーの小口治男さんと、伐採や刈り取りについて担当している東京水道株式会社の事務所に行って、なんとか見直しして欲しいとお願いした。初めは、すでに決まったことは修正できないという説明だったが、私たちが懸命に説得した結果、最終的に

「要望書を出してほしい」という発言を引き出した。それには要望の根拠が必要だから、その資料を得るために10月4日に緊急に調査をおこなった。

雨の中、小口さんは草むらを歩き、濡れながら調べてくれた。その時、私は記録係をしながら、一本一本の樹に向かって「助かるといいね」と語りかけるような気持ちだった。大戦時にユダヤ人を救った杉浦千畝《ちうね》のことが思い出された。

　それぞれの樹を測りつつ去来せし
　「汝《な》を助けたし」と千畝の如く

調査の結果、800メートルの区間の南岸と北岸で85本の樹木に赤テープが巻かれていることがわかった。南北で大きな違いがあり、北側が70本、南側が15本であった。内訳は大半がケヤキで、北側ではクヌギ2本、コナラ1本があり、南側ではエゴノキ、オニグルミ、トウガエデ、ミズキがあった。

ケヤキの直径は10センチメートルから80センチメートルまであり、20～50センチメートルが多いという結果が得られた（次ページの図）。もしこのまま伐採が行われれば、30センチメートル以上の樹木はほとんど残らないことになる。

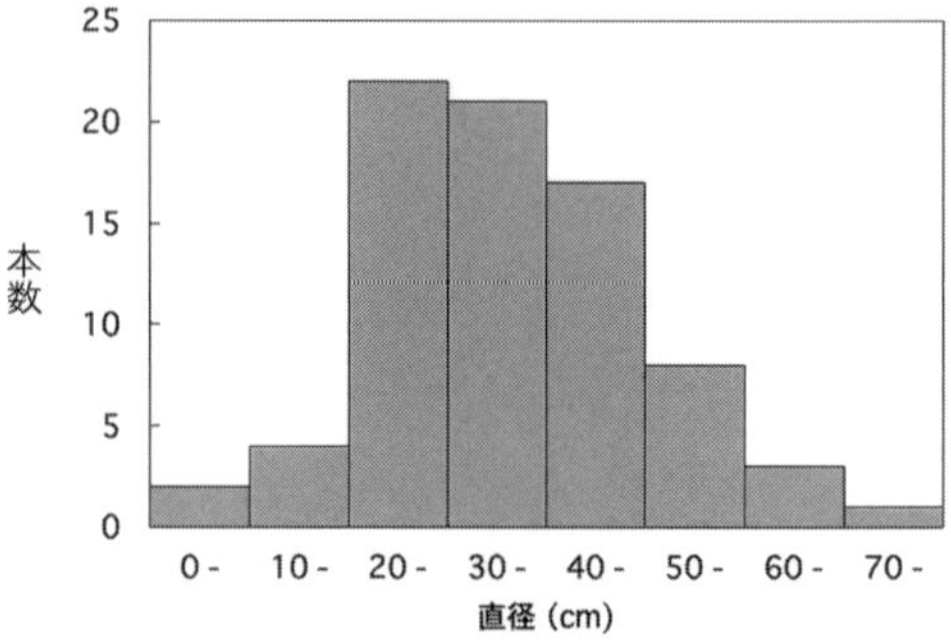

伐採予定のケヤキの直径階頻度分布

　この範囲の高木はほとんどがケヤキであるが、北岸には直径80センチメートルもある立派なクヌギもあり、それは玉川上水の岸を崩すような岸の肩の部分に生えているわけでもない。また南側のオニグルミも直径90センチメートルほどある。これらの樹木は本数も限られており、また景観にとって重要な要素となってもいるので、ぜひ残してほしいと思った。

　そうして、すべての樹木について、この樹は伐採しないで剪定にしてほしい。この樹はこの辺りに1本しかないから残してほしい。このケヤキは株立ちしているから、全てを伐らないで一本だけでも残してほしい、などの要望をつけて10月9日の金曜日の17時にその一覧表を提出した。

伐採に反対する理由

　このケヤキを実質的に皆伐に近い強度伐採を行う理由は、安全性や法面保護とは直接つながるものとは思えない。現地には伐採作業の説明看板があったが、この年はコロナ禍となり、住民説明はしなかったとのことだった。このことは土地の樹木が住民の意思を確認しないで伐採されているという意味で問題がある。もし伐採が強行されれば、現在木陰を提供している林が失われ、直射日光のあたるまったく違う景観になるのは確実である。

このことは景観的な問題だけでなく、生物多様性が失われるという意味で問題がある。伐採が強行されれば、私たちが「花マップ」や「花ごよみ」で観察を重ねてきた雑木林の林床に生えるアズマイチゲなどの「たまゆら草」が生育できなくなる。このことは生物多様性を重視する東京都の方針にも反するものである。

木を伐る心

以上は、玉川上水の樹木の伐採の行政的な側面、すなわち住民の安全、苦情への対応、法面《のりめん》の保護、ヤブ状態の景観改善のための中低木の除伐などを考えて書いた。これに対して以下には主観的であるが、おそらく重要だと思えることを書いておきたい。

樹木の伐採について、私たちの心に、50年を大きく上回るような大樹がやすやすと伐採されることに対する素朴な「申し訳なさ」があるように思う。人間には大樹を前にした時、自然に両手を合わせたくなる心情がまちがいなくある。それは生命に対する素直な心だと思う。感情で行政はできないのかもしれないが、このことは行政も心すべきだと思う。

しかも、この伐採はほとんどすべての樹木を伐ろうとしている。もし、この強度伐採が強行されれば、数十年を生き、玉川上水沿いを歩いて緑を楽しむ市民に木陰を与えてきたケヤキ大樹の無残な切り株が並んだ状態を市民が目にすることになる。そうなれば多くの市民が「東京都は大樹を平気で伐採するのか。市はそれを容認したのか」と思うはずである。そのことの意味は決して軽くはないと思う。

思いがけない決定

２０２０年の10月９日の金曜日に樹木の測定結果と要望書を提出し、「半分でも受け入れてもらえるといいんだけど」と気を揉みながら週末を過ごし、現地にも行った。

週末を挟んだ10月12日の月曜日になって小口さんから電話があり、驚いたことに我々の要望が１００パーセント受け入れられたということであった。

「えっ、ほんとですか！」

私は電話に答えながら、心の中で

「ああ、よかったね」

と助かった樹々に報告したいような気持ちだった。

伐採の宣告を告ぐる赤テープ
　そを免れし樹々よ生くらむ

この時点で私が得た印象は、きちんと理由を添えて頼めば市民の声は聞いてもらえるのだというものであり、このことは私に前向きな気持ちを起こさせてくれた。

第7章　行政との折衝

玉川上水の林を尊重するはずの小平市で「赤テープの衝撃」があったので、小平市に改めて要望書を出すことにした。また東京都水道局にも要望書を提出した。本章ではこれらの内容とそれに対するそれぞれの対応を紹介する。

小平市への要望書

小平市への要望書の内容はこれまで書いてきたことと重複があるので略すが、ここでは新たに二つのことを書いた。一つは、小平市内の喜平橋と茜屋橋の間には小学校があり、玉川上水沿いの道路をたくさんの小学生が歩くので、子どもたちに皆伐をすることを見せるのは教育的にも大きな問題になるだろうということ、もう一つは、玉川上水の保護活動のことを調べる過程でわかった「小平方式」のこと、である。

小平方式

小平方式というのはすでに紹介した「小平玉川上水を守る会」の庄司徳治さんが中心になって確立したもので、玉川上水の自然の管理の仕方については、東京都、小平市、市民の三者で意思決定をするという方式のことである。同会が発刊していた『玉川上水』25号（2000年）によると、「実施にあたっては、保全事業に関わる区市、また流域住民とは同等の立場で意見・要望等を検討する場を設け、住民の総意を計画策定に生かし実施する」と記されている。そして、2000年1月11日には東小川橋上流60メートル間の除伐、剪定対象の樹木へのマーキング作業を、保全局担当者、水道局上水係、業者、緑地課長、係長、課員、玉川上水を守る会の会員が立ち会ったという記録がある（同会の「玉川上水」25号、2000年）。

こうして庄司さんの尽力により、市民、小平市、東京都という三者が玉川上水の現地に立ち会って、どうすればよいかを合議して決めるという民主的な形ができあがった。

要望書の内容

こうしたことを踏まえて私たちは、小平市に具体的に次の4点を要望した。

(1)玉川上水整備活用計画に基づく東京都による樹木伐採の小平市の部分については市として内容を十分に検討し、現地に赴いて妥当性を検討してください。

(2)その際、伐採する樹木の選定基準を明確にしてください。これまでの小平市における伐採の主たる理由は、不安定で倒木の危険があること、送電線に悪影響があること、法面の崩壊を誘発する危険があることなどですが、同時に林の景観保持、下生えや生息する動物を含む生物多様性保全にも配慮してください。

具体的には株立ちをする樹木を全て伐採すれば直射日光の当たる環境になりますが、株の中の1本でも残せば疎林状態は維持でき、数年で林に戻ることが可能です。そのような間伐的な伐採は景観変化を最小限にし、安全性なども満たすことができます。

(3)小平市と市民が玉川上水の環境（自然と歴史）の保全について検討する委員会を設置してください。

(4)「小平方式」を尊重して、玉川上水の樹木伐採の内容について事前に市民への説明会を開催してください。

小平市からの回答

私たちの要望書（2020年10月27日）に対して、11月16日に小平市から回答があった。回答は市長名ではなく環境部の「水と緑と公園課」の課長名となっていた。その内容は基本的に玉川上水のことは東京都の「史跡玉川上水整備活用計画」が安全性と生物多様性を考慮しているというもので、玉川上水の管理責任は東京都にあることを確認するような内容であった。このことは小林市長から聞いていたので理解はしたが、これでいいのだろうかという思いはあり、これについては後で取り上げる。

回答の文章は続き、東京都がおこなう植生管理の小平市部分については現地確認をし、必要があれば要望をするとしている。これは私たちの要望の⑴に対する回答である。

⑶については、玉川上水の管理は東京都が行うものであるからと繰り返した上で、小平市に委員会を作るつもりはないと否定的であった。私たちとしては小平市としても玉川上水の重要性を認め、アンケート調査などもしているのだから、小平市民や専門家で小平市の玉川上水がどうあるべきかを議論するような委員会があるべきだと思う。

⑷の小平方式についてはこれを実行するという回答が書いてあった。

以上に対する私の印象は、小平市を流れる玉川上水でありながら行政的にはいわば「手を出せない」ため、東京都がすることには口を出さないという姿勢なのだなということである。そうなると、果たして小平市の林を伐採することになったとき、小平市として阻止できるのかと気になる。

東京都水道局への要望書

私たちは玉川上水の管理の直接的な当事者である東京都水道局にも要望書を提出した。内容は小平市に出したものと基本的に同じで、これを２０２０年10月30日に提出した。

水道局からは次のような説明があった。水道局が最重要と考えているのは水質の確保であり、その意味で境浄水場より下流の範囲では倒木は防がなければいけないということだった。一連の話で強調されたのは、水道局は上水の水を良い状態に保ち、管理することが最重要だということだった。

私と同行した花マップのメンバーでもある水口和恵さんが喜平橋ー茜屋橋の伐採予定木が極端に多かった理由を聞いたら、「市民から伐採してくれという声が非常に多いから」ということだった。このことは10月28日の小平市の話と矛盾する。小平市では、「市民から伐採要望がなかった」という返事だった。しかし水道局の説明では伐採希望は小平市にではなく、直接境浄水場に来ているということだった。また、個人情報のことでもあるので、誰が何を要望しているかも伝えることができないということだった。

こうしたことから、水道局は「伐採しろ」という声と「木は伐るな」という声の板挟みになっているということがわかった。

喜平橋ー茜屋橋間の過伐採については水道局も認めており、コロナ禍を理由に説明会を開かなかったことは反省しているとのことであった。また、このような「集中攻撃」ではなく、必要な危険木を選んで玉川上水全域で択伐できないかということについては、その考えはあるが、現状では結論を出せないということだった。

1億円の衝撃

非常に驚いたのは、玉川上水の伐採になんと1億円もの費用がかけられているということだった。太い木だと伐採に1本数10万円かかるとのことだ。だから100本で数1000万円かかるのだという。2019年度の実績は3298本の伐採、310本の剪定である。これまでの実績を見ると少ない年は300本くらい、多い年は2000本くらいが伐採されている。境浄水場担当の範囲は、梶野橋あたりで上流と下流に分けてあり、それぞれに伐採費用4000万円、そのほかに桜がある範囲に1000~3000万円ほどかけるので1億円程度になるということだった。このほかに毎年草刈りに7000~8000万円、法面補修に1億円程をかけているという。私はその額に驚かないでいられなかった。法面補修はプラスチックの擬似木の土留《どどめ》を埋め込んで土壌を入れるなどの方法があるとのことだった。私は、「こんなペースで伐っていたら、玉川上水に木はなくなる」と思った。

法面管理

私は、法面について、水道局は法面保護のために樹木伐採をするというが、むしろ樹木を伐採すると乾燥して法面が崩れ、根による土留効果がなくなるのではないかと言ったら（90ページのコラム2参照）、それは認識しているという返事だった。ただ、数は少ないが樹木が上水川に倒れると法面の土壌ごと崩壊することはあるとのことだった。

今回の伐採について、水道局から小平市教育委員会には伝えているとのことだったが、小平市教育委員会はそれを市の他の課に伝えていないようだし、水道局の持っている印象は、小平市は「それは水道局の仕事だからお任せします」という態度だということであった。このあたり未だに「市よりも都の方が上位である」という感覚が残っているようで、問題は根が深いと感じた。

回答書は出さない

水道局にも要望に対する回答をもらいたいと言ったが、断られた。同じような要望は多数来るので、個別に文書での回答はできないということだった。多数の要望があるから回答できないというのは理由にならない。東京都が都民に対して民主的な感覚を持っているのであれば、要望数が多いから回答しないという姿勢は認められるはずがない。この点に関しては小平市の方が誠実であった。

「伐採について再検討する」という返事を期待していた私は失望した。それどころか、毎年1億円をかけて1000本以上の樹木を伐採し続けるということを聞いて衝撃を受けた。「ケヤキ皆伐の衝撃」、「赤テープの衝撃」に続いて、「伐採1億円の衝撃」である。

Viola grypoceras

タチツボスミレ

〈コラム2〉 伐採は本当に「護岸」になるか?

この内容は「玉川上水みどりといきもの会議」のメンバーである鈴木浩克さんと話し合って書いたものである。玉川上水は関東ローム層に掘られた水路だが、関東ローム層は乾燥するともろく、風化しやすい。したがって水流が減少した現在、玉川上水では土壌流失や壁面の崩壊が起きている。土壌流失や崩壊を起こす作用には、降霜、降雨、風、日照、水流などがある。

上水路として使われていた1965年までは水量が多く、この時代に法面《のりめん》（水路の壁）へ影響を与えていたのは水流であった（上図A）。その後1965年に通水が停止され、1986年に清流復活事業により流れが復活してからは水位が低くなり、法面の大部分は地上に露出するようになって降霜、降雨、風の影響が強くなった（上図B）。

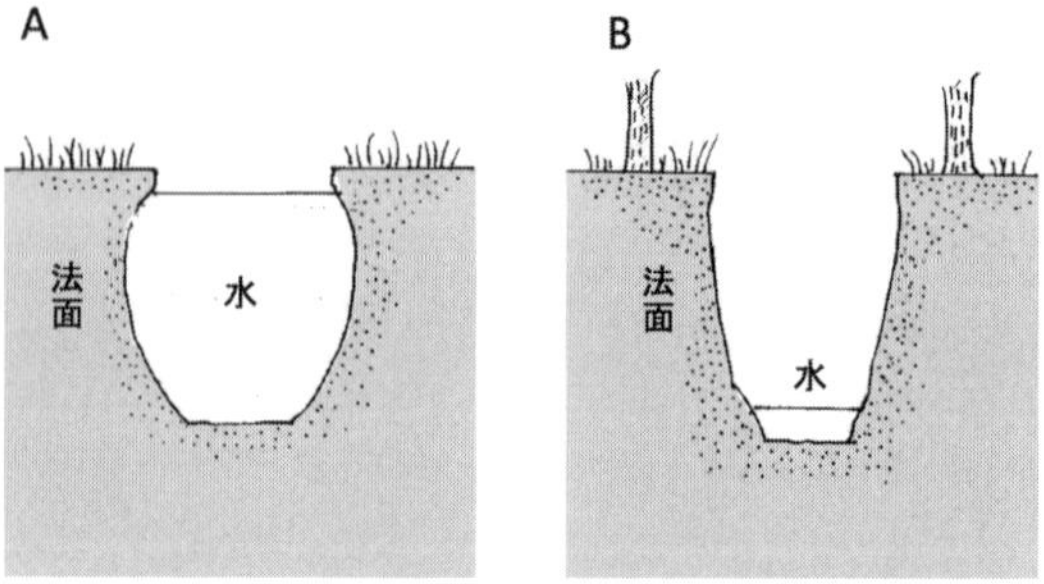

かつての玉川上水の止水前（A）と清流復活後（B）の断面

玉川上水管理では佐藤ほか（2003）の土壌崩落の論文が

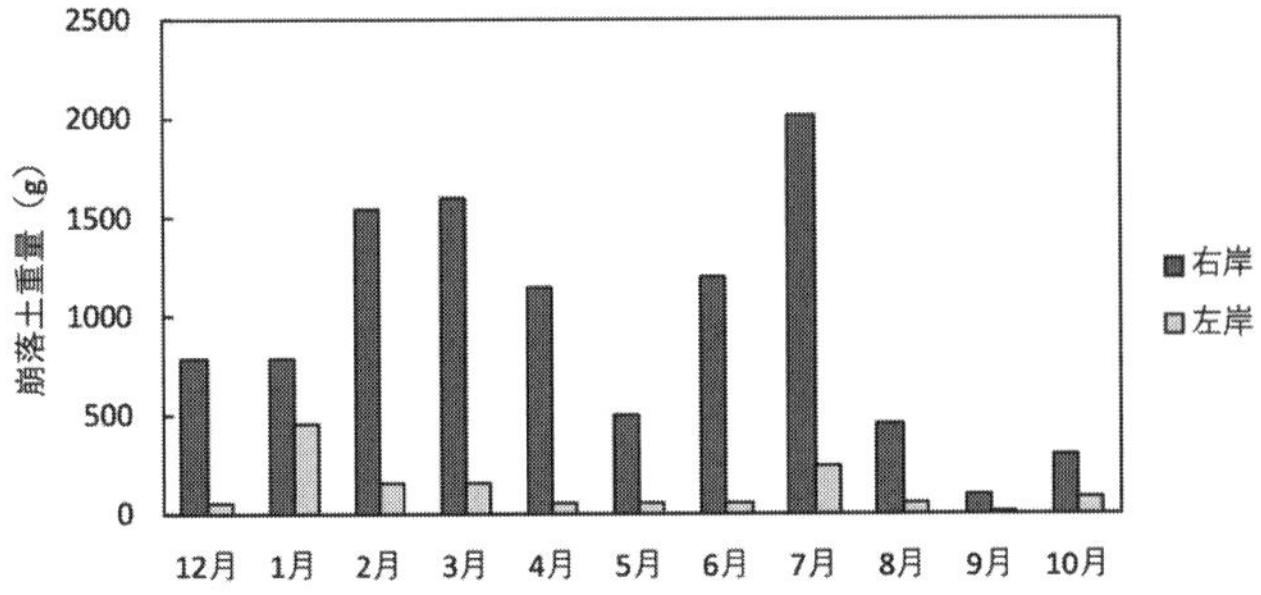

玉川上水の法面の崩落土量の季節変化（佐藤ほか　2003より）

参考にされている。その調査によれば、左岸（多くの場合北岸）より右岸の崩落量が多かった（上図）。これは霜柱によるようだ。樹木と法面との関係では、法面の上・中部に生えて、傾いた樹木は倒れると壁を崩すから伐採した方がよいとする（左図）。

玉川上水の委員会ではこの部分を取り上げ、これがその後の計画の基本になっている。しかし、注意しなければならないのは、この論文では樹木が土壌流失を抑制するという点は取り上げていないことで、論文にはこの点について次のように書いて

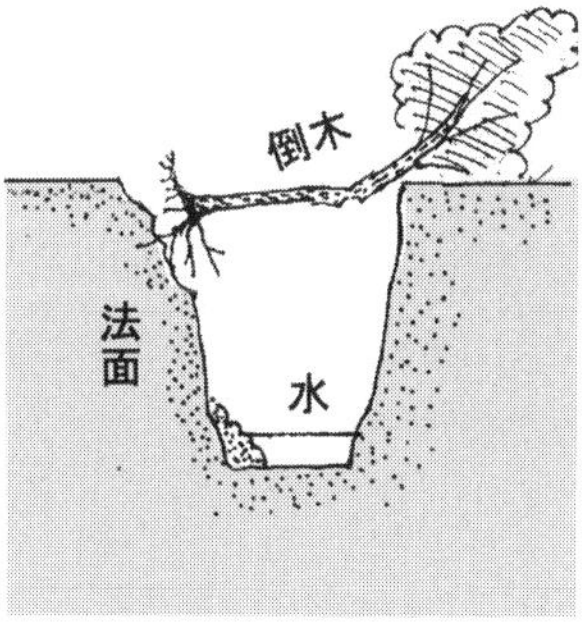

法面肩部の樹木が倒れた場合

ある。「（状況は場所ごとに大きく違うから）画一的に水路法面に影響する範囲にある樹木を除去することは困難であるため、樹木の除去に際しては、動植物や景観等を考慮し、関係機関及び近隣住民等の意向を確認の上、総合的に判断するしくみづくりが課題である」。つまり、画一的な伐採はしないように戒めているのである。にもかかわらず、東京都はこの論文の主張の一部である法面肩部にある樹木が倒れたら法面を崩壊させるという点だけを取り上げ、著者らが指摘した総合的判断をおこなわなかった。

実際問題、樹木の本数でいえば、このような樹木よりも安定した平坦部に生育する木の方がはるかに多い。また玉川上水では壁面が垂直に切り立った場所だけでなく、断面が浅いV字型の場所も多く、そういう場所では斜面の木は倒れにくい。こういう場所を樹林が上水をアーケード状に覆っていれば、木々は雨を防ぎ、乾燥を抑え、直射日光を遮って法面を守るが（次ページ上図）、伐採されて樹木がなくなれば土壌流失が起きる（次ページ上B、D）。

また樹木は根によって土壌を縛りつける機能を持っている。マツやスギのような針葉樹が縦方向に深い根を伸ばし、細根が少ないのに対して、広葉樹、特にケヤキは根が横に広く拡がり、細根が高密度に伸びるので土壌を縛りつける効果が大きい（次ページ下図）。

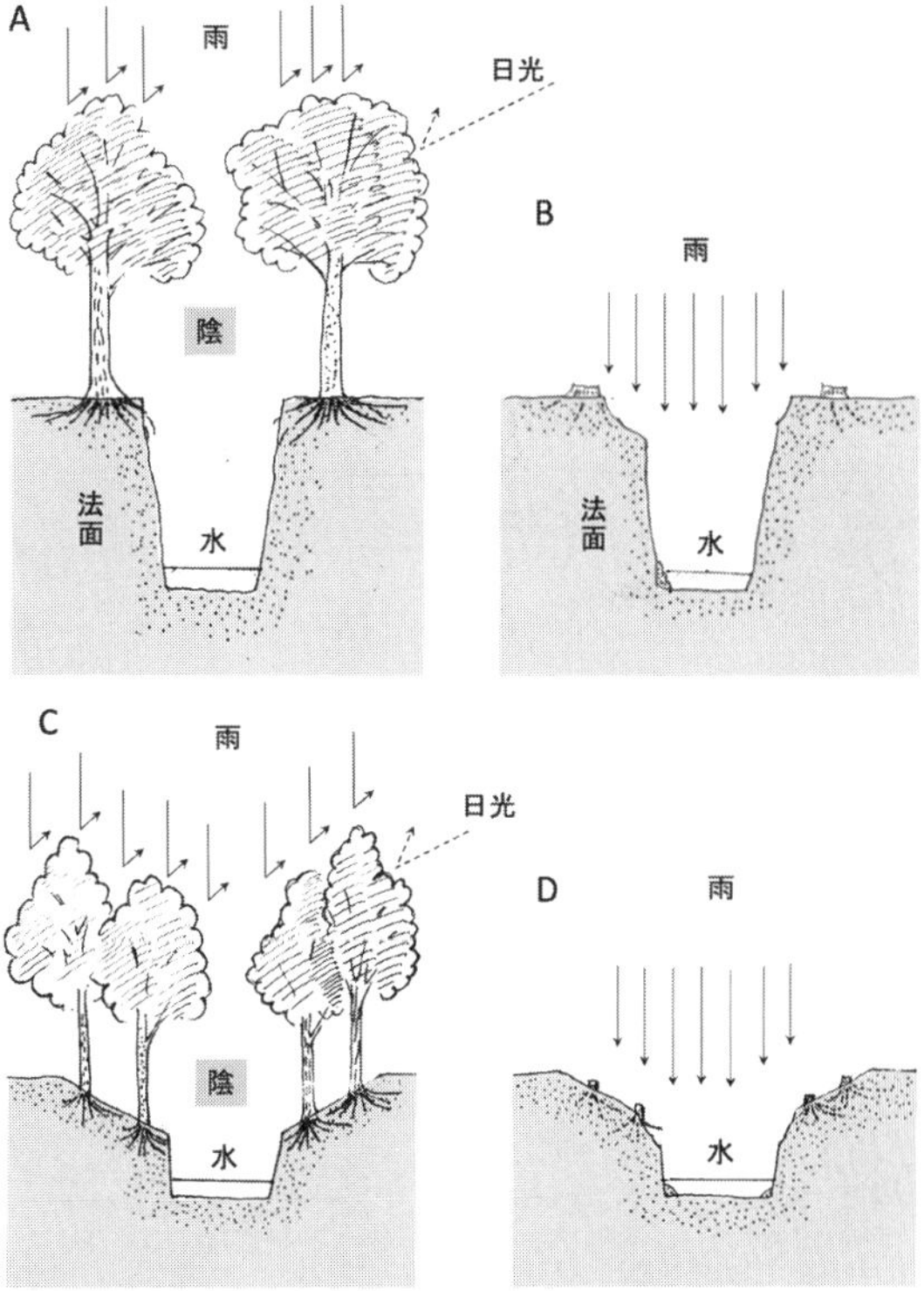

未伐採の状態での玉川上水の法面と物理環境との関係。AとBは壁面が垂直的な場合、CとDは緩斜面の場合

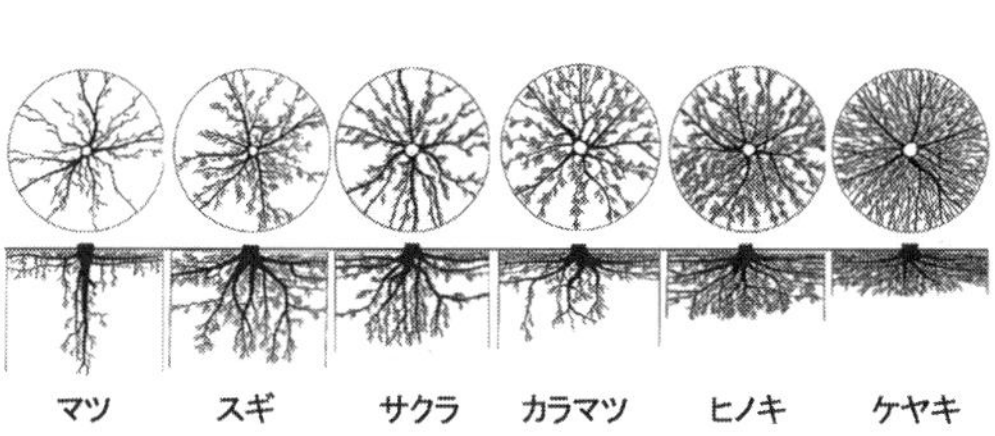

樹種ごとの根系の比較（今井、2008より）

このように、水量が少なくなった現在の玉川上水では、法面肩部の樹木は別だが、平坦面や緩斜面では樹木が、樹冠によっても根によっても表土流失を抑制している可能性が大きい。樹木の存在が土壌流失を抑制するというのは、砂防学や林学の常識であり（北原 1998、2002）、玉川上水で行われている伐採はこの常識に真っ向から反するものである。しかも、近年の温暖化によりゲリラ豪雨、線状降水帯などが頻発するようになっており、その可能性はさらに大きいものになる恐れがある。にもかかわらず、毎年1億円もの税金を使って1000本以上の樹木が伐採されているのである。

アオツヅラフジ

第8章　残されなかったコブシ

私は小平市で伐採計画があったのを説得して伐採が抑制された経験から、データを示して訴えれば聞いてもらえるのだと手応えを感じていた（第6章）。ところが、その後そうばかりでないことを思い知らされることになった。本章ではそのことを紹介する。

コブシにも赤テープ

２０２１年1月のある日、小金井に住む安河内葉子さんから自宅の前にあるコブシに赤テープがついているという連絡をもらった。コブシはホオノキなどの仲間で、早春に白い花を咲かせる（98ページ写真）。私は慌ててそれを見に行った。その木には、なんとか残して欲しいという安河内さんが書いた張り紙があった（１０６ページ写真）。

私は小平市の赤テープの時と同じように小金井市の生涯学習課に説得に行った。まず、このコブシはなだらかな斜面に生えたあまり太くない木なので、倒れる心配も玉川上水の壁を崩す心配もないことを伝えた。小平市での伐採予定のときは、「ここにオニグルミは1本しかないから残して欲しい。このクヌギは特別太いから剪定にとどめて欲しい」などとお願いして、受け入れてもらえたので、それと同じように「コブシの木はこのあたりに1本しかなく、皆さんも春の開花を楽しみにしているのだから、伐らないで欲しい」と話した。担当の人はこの木のことも、張り紙がついていることも知っていた。そして多分大丈夫だろうということだったので安心して、安河内さんにもそう伝えた。

ところが、驚いたことに2月3日にこの木が伐られてしまったと連絡をもらった。私は翌日、現地に行ってその変わり果てた姿を確認した（次ページ写真）。伐採を強行した水道局の伐採理由は、倒木の危険があること、法面を崩す危険があることのはずだが、この木はそのどちらにも該当しない。しかも2020年に水道局が作成した「史跡玉川上水整備活用計画」には「景観に配慮する」とある。このコブシは毎年春になると白い花を咲かせ、この辺りの景観に大きく貢献し、それを楽しみにする市民も大勢いた。水道局は自ら作った計画を無視したことになる。計画には「地元の市民の声をよく聞いて計画を進める」ともあるが、これも無視された。

春浅く梢《すゑ》に匂ひし白き花
見る能《あた》はざるとふ　今年《こぞ》の弥生は

伐採されたコブシと荒涼とした玉川上水

コブシは伐採された

小金井市はこの場所にはサクラ以外の木は要らないから伐るという方針だと説明している。しかし、本当に小金井市民の多くがこの殺伐とした景観を歓迎するのだろうか。

コブシが生えている岸の対岸を見ると、ケヤキを主体とするたくさんの樹木が無残な切り株となって冬の日を浴びていた。実に寒々とした景色だった（上写真）。

毎年咲いてきたコブシ

「花ごよみ」の活動で安河内さんから送られてきた写真を探したら、2019年3月18日と2020年3月26日に白い花が確認されていた。

どこかにあるコブシという木ではない。毎年ここに立って純白の花を咲かせた、具体的な「あのコブシ」である。人であれば名前をつけている、そういう存在である。そのコブシはこの冬も休まずに幹の中を樹液が流れていたであろう、冬芽が少しずつ膨らんでいた。

ありし日のコブシ（2019 年 3 月 18 日、2020 年 3 月 26 日）
（安河内さん撮影）

この冬も樹液を満たし　春を待つ
　コブシの幹が伐られ　断たれり

しかしその一生、これからという一生は「サクラ以外の木は要らない」という一方的で理不尽な言い分によって無残にも永遠に断たれてしまった。私たちは多くの人の声を受けて伐採を見直すよう請願書を提出した。だがそれはいっさい顧みられることはなかった。もし行政が市民の声に少しでも耳を傾けていたら、少なくとも今回は見送るとか、伐採ではなく剪定にとどめることもできたはずだ。

責任の所在

私はそのコブシが伐採された翌日現地に行ったが、作業をする人は木の幹を運んでいた。この人たちを責めるつもりはない。それどころか、その淡々とした表情に却って気の毒さを感じてしまった。この人たちは命じられた業務をしているに過ぎない。しかし、サクラだけを優先し、市民の声を踏みにじって「雑木は邪魔だから伐り尽くせ」と命じた大きな組織はその罪の重さを背負うべきである。

桜木を育てむためにと答ふるか
　伐るほかはなし　雑木なぞは　と

高校生の映画制作

その年（2021年）4月に、小平市にある錦城高校の映画部から連絡があり、玉川上水の桜についての映画を制作するから協力してほしいということだった。タイトルは「桜か、森か」とのことだった。もちろん引き受けて玉川上水の脇でインタビューに応える形で取材を受けた。高校生たちはさまざまな立場の人に取材して自分たちで考えて編集したようだった。その後、8月になって連絡があり、NHK杯全国高校放送コンテストのテレビドキュメント部門でベスト40制作奨励賞を受賞したということだった。私は東京都のコンテストだと思っていたので、全国大会だと知って驚くとともに、そこで奨励賞を受賞したことに「おめでとう」という気持ちだった。

送ってもらったDVDを見たが、とてもよくできていた。ただ、その映像の中で私の心にトゲのように突き刺さるものがあった。高校生は小金井の桜並木を復活させるグループの人にも取材していたが、その人は、

「桜を育てるためにはザツボクなど全部刈り取らないといけない」

と吐き捨てるように言った。雑木はふつう「ぞうき」と読むが、これを「ザツボク」と言うの

を聞いたとき、その響きに毒があると感じた。桜を愛するということは、植物を愛することであるはずで、そうであれば、よしんば桜を育てるために他の樹木の生育を抑制した方がいいということになれば、「申し訳ないんだが、他の木はここでは我慢してもらわないといけないんだ」というのではないのか。そのグループの人たちの主張を聞くと、桜以外の樹木が育つのを迷惑な存在、ゴミか何かのように捉えていることがわかる。どう差し引いても植物が好きな人たちとは思えなかった。

雑木《ざつぼく》なぞ　伐り尽くさむと言ふ人の
　同じ口にて　桜《はな》を愛すとふ

〈コラム3〉　コブシという樹

Magnolia kobus

追悼のために描いたコブシのスケッチ

コブシはモクレンの仲間で、そういえば大きな花に似たところがある。また花の印象は違うが、ホオノキも同じ仲間で、マグノリアというグループに属する。コブシはサクラの開花よりも早く、まだ木々の葉も開かないときに、純白の大きな花を木いっぱいにたくさんつけるのが印象的である。花の付け根に小さな葉がつく。「白樺、青空、南風」で始まる千昌夫の「北国の春」に「コブシ咲くあの丘、北国の」と歌われるので名前は聞いたことがあるという人が多いはずだ。

コブシは秋になると不規則にデコボコした果実をつける。一説ではそれが人の拳のようだということから「コブシ」という名前がついたとされる。

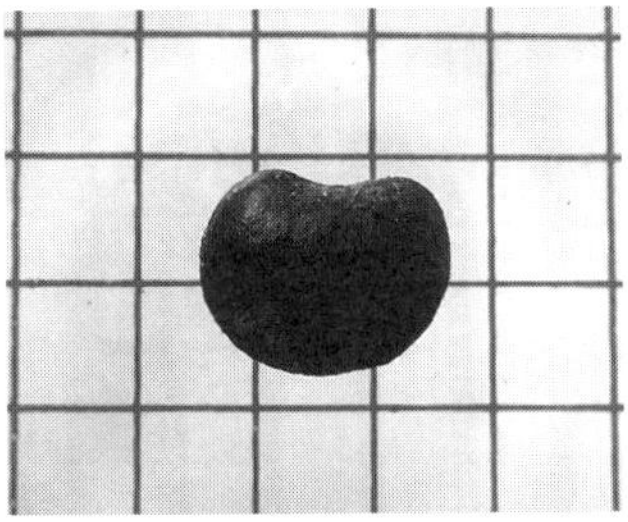
コブシの種子。格子間隔は 5mm

コブシの果実

中に赤い種子が入っていて目立つので、たぶん鳥が飲み込んで種子を運ぶと思われる。赤いので果実と思いがちだが、赤いのは種皮で、中には黒い種子が入っている（上写真）。
　私は長野県のタヌキの糞を調べていてコブシの果実が出てきて驚いたことがある。だから、哺乳類もコブシの種子を運んでいるようだ。

〈コラム4〉 懇願した市民の思い

このコブシを伐らないで欲しいという張り紙をした安河内葉子さんが以下のような文章を寄せてくださったので、ご本人の了解をいただいて紹介したい（文中に出てくる橋は口絵10）。

子らの未来に残したいものは――伐採されたコブシの木に寄せて

安河内 葉子

2016年に小金井市の玉川上水沿いに引っ越してきました。玉川上水は、都心にほど近いにもかかわらず30キロメートルにも及ぶみどりの回廊です。子どもにそのような環境のすぐ近くで育ってほしいと思い、引っ越しを決めました。当時の小金井市の玉川上水は、小金井公園正面口付近500メートルほどの間だけ樹木が少なく、それ以外の場所ではケヤキやムクノキ、エノキ、クワなどの大木が残っていました。のちに樹木の少ないその場所は小金井サクラ復活事業のモデル地区であることを知りましたが、その頃は何年か待てばこの辺りも他の場所のようにみどり豊かになるだろうと考えておりました。

小金井に越してきた翌年、高槻成紀先生が代表を務める「玉川上水花マップ」の植物調査に参加するようになりました。玉川上水で見られるさまざまな種類の木々や草花、その季節折々の姿、植物を頼りに生きるいきものたち、たくさんのことを勉強させていただきました。調査で学んだことは子どもにも伝えました。はじめは自然に興味を持たなかった子どもも、少しずつ理解できるようになりました。よく実のなるクワの木をみつけ、習い事の帰りに友達と一緒に食べて帰ってきたりもしていました。

そんな数年間の間に、小金井橋から梶野橋の2キロメートルほどの区間で伐採はだんだんと進みました。そしてついに、昨年度の冬は小金井橋から陣屋橋、今年度の冬は陣屋橋から梶野橋までの区間において、サクラとツツジ以外の木が、わずかなモミジやマユミを残してなくなってしまいました。梶野橋から西を望めば、遠くの山々が見えるほどにひらけています。足元の法面を見れば、伐られたばかりの生々しい伐り株が並んでいます。

我が家のすぐそばにあったコブシもまた、伐られた木のうちの1本です。毎年春先にたくさんの白い大きな花が咲き誇っていました。

今年も枝いっぱいに花芽をつけ、春を待っていました。

ところが、この木にも伐採予定の赤いテープが巻かれました。伐採の数日前、なんとか伐採を見直してもらえないだろうかと、「この木を伐らないでください」と書いた張り紙を取り付けました（次ページ写真）。張り紙を取り付けた際のコブシの木肌のヒヤリとした感触を、この先忘れることはないでしょう。しかし張り紙は取られ、コブシは伐られてしまいました。

私はコブシの伐り株を一部もらい受け、年輪を数えてみました。30年から40年は経っているようで、自分と同じほどの時を重ねた木であったことがわかりました。

このコブシを伐らないで下さい。
毎年、早春にたくさんの美しい花を咲かせます。このあたりでは、ここにしか見られません。
本当に伐る必要があるのか、市民にアンケートを取っていただけないでしょうか。

コブシの木に取り付けられた張り紙

玉川上水をこの地につくったのは人間です。管理していくのも人間です。そこにサクラを植えるのか、あるいは自然に育った木々を残すのか、どちらが正しく、どちらが正しくないということはありません。ただ、人それぞれに玉川上水に込めた想いがあります。その想いが相反するものであっても、寛容さをもってお互いに認め合ってほしいと願わずにはいられません。未来を担う子どもたちに何を残すのか、私たち大人はしっかりと考えるべきです。

第Ⅲ部

立ち上がる

第9章　立ち上がる

理不尽な伐採の実態を知り、玉川上水の未来を考えるにつけ、私は生態学を学んできた者として何かしなければならないという思いが強くなってきた。そして「玉川上水みどりといきもの会議」という団体を立ち上げた。それと並行して伐採を進めることになった背景となっている玉川上水の管理に関する計画を知った。本章ではこれらを紹介しながら、その意味を考える。

新しい団体を作る

玉川上水の樹木の伐採については反対する人や団体もあるので、要望書を連名で出すこともしてみたが、そういう思いを一つにしてもっと力をつける必要があると思うようになった。現実問題としても、団体によって玉川上水への関わりには温度差があり、玉川上水の歴史、土木技術、分水、桜など関心の対象はさまざまである。多くの団体は自然の大切さにも触れてはいるが、私の目からすると動植物の理解が十分とはいえないようだった。そこで、目標を玉川上水の生物多様性の保全に明確化して、それに賛同できる団体や個人をメンバーとする新たな団体を作った方がよいと考えた。これまでの「花マップ」のメンバーを中心に相談し、私は少し荷が重いとは思いつつ代表を務めることにした。

何度か相談をして会の名前について話し合った。保全の対象は植物だけではないので、「いきもの」を入れた。「未来」という言葉も欲しいなどいろいろ意見があったが、最終的には「玉川上水みどりといきもの会議」にすることにおさまった。２０２０年の12月に活動内容や今後の進め方、当面の課題などについて話し合いをし、発足を２０２１年の元旦にすることにした。

長年続けてきた生き物のことを学ぶのと違い、玉川上水の管理についてはは知らないことが多く暗中模索だったが、伐採を進めることの背景にあるのが以下に紹介する管理計画にあることがわかってきた。

史跡玉川上水保存管理計画書

水道局はなぜこれほどまでに伐採を強行するのだろうか。これについては小金井市と玉川上水全体とを分けて考える必要がある。小金井市では基本的に桜並木を残すためにその他の広葉樹は皆伐してきた。そのほかの場所での伐採の主たる理由は、倒木によって玉川上水の法面が崩れるのでそれを阻止するためとされている。

背景としては古く1924年（大正13年）に小金井桜並木が「史蹟名勝天然紀念物保存法」によって国の史跡に指定されたことと、2003年に玉川上水が文化財保護法によって史跡に指定されたことがある。これを踏まえて、2007年に東京都水道局によって「史跡玉川上水保存管理計画書」が、また2009年に「史跡玉川上水整備活用計画」ができて、これらに基づいて玉川上水の管理がおこなわれたので、この二つの計画を眺めてみたい。

「史跡玉川上水保存管理計画書」（2007）は以下、「保存管理計画書」とする。その「はじめに」には玉川上水が2003年に史跡に指定されたこと、その価値が高いから適切に保護管理して後世に継承するため多くの市民に配慮する、とすばらしいことが書いてある。また名勝「小金井（サクラ）」が1924年に天然物記念法で名勝に指定されたことが書かれている。玉川上水の範囲は上流（羽村から小平監視所まで）、中流（小平監視所から浅間橋まで）、下流（浅間橋より下流）に区分される。この範囲が史跡、名勝だけでなく「なんとか緑地」などじつに10もの法令で指定されていて、一見しただけでは理解できないほど複雑になっている（120ページコラム5参照）。

私たちを当惑させるのは、同じ場所が法令によって管理をする主体が違うことで、史跡は国のものだから文化庁が管理する。小平監視所よりも少し上流から小金井の大部分は「風致地区」として指定されており、史跡とも大きく重なるが、ここは東京都の都市整備局と建設局の管轄になる。上中流の全部は「玉川上水歴史環境保全地域」で、環境局の管轄となっている。

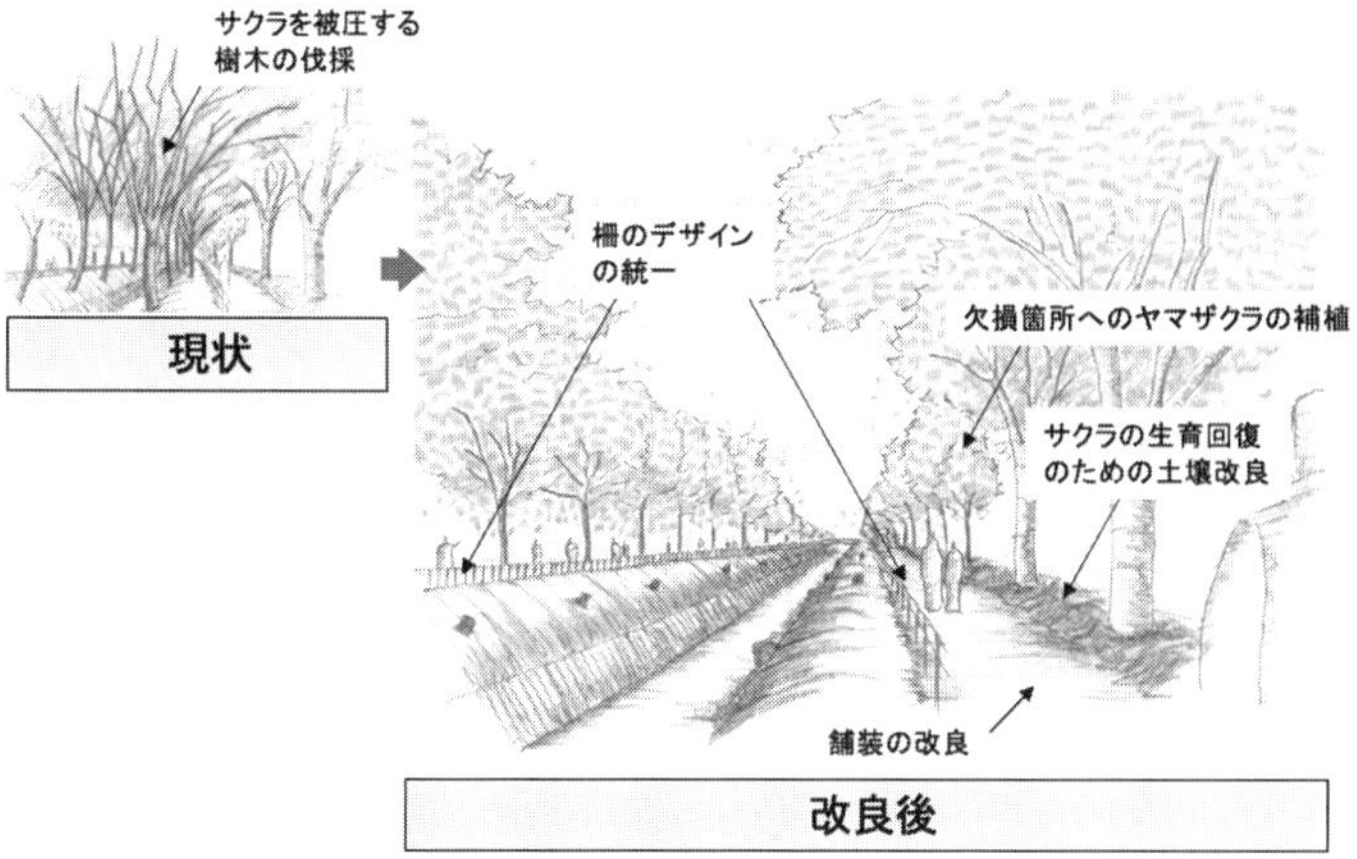

名勝「小金井（サクラ）」の並木景観創出のモデル事業のイメージ（東京都水道局ホームページより）

こうしたことを踏まえて、計画は目標を掲げる。重要な点をあげておこう。目標は二つで、一つは歴史遺産を大切に守るということ、もう一つはヤマザクラ並木の美しい景観を将来に継承することとされている。つまり玉川上水の価値は歴史遺産と桜並木の二つに集約され、玉川上水の自然の価値は目標とされていない。

そして目標とすべき小金井の桜並木のイメージ図が示されている（上図）。左側に小さく描かれているのが現状で、雑木が桜を覆っている。これを伐採すれば桜が大きく育ってかつての桜並木が蘇るというわけだ。

計画は詳細で、よく読めば植生についても書いてはあるが、ほとんど添え物でしかない。第3章に記述したように、戦後の玉川上水の管理史をひもとけば、水を止めて空堀《からぼり》になった玉川上水の水と自然の回復を求める市民の運動と、それを受け止めて清流復活事業を実現した行政との協働が主流であった。そのことを考えれば、この東京都の「保存管理計画書」は前の時代とはなはだしく断続しており、内容的に強く偏向したものだといえる。

史跡玉川上水整備活用計画

２００７年の「保存管理計画書」を受けて水道局は外部委員会を設置し、２００９年に「玉川上水整備活用計画策定についての提言」を受ける。それをベースにして東京都水道局は２００９年に「史跡玉川上水整備活用計画」（以下、「整備活用計画」）を作成して実施することとなる。この内容は、基本的には「保存管理計画書」を踏襲するものとなっている。

「整備活用計画書」は二本柱になっており、一つは保存、もう一つが活用である。保存の方は水路法面の保全と桜並木の保存となっている。ここで注目されるのは、玉川上水の歴史遺跡の保存が消え、法面と桜並木が浮上していることだ。活用の方はいわば玉川上水を広く知ってもらい、利用してもらうという内容である。したがって全体としては、史跡玉川上水といいながら、実態はほぼ小金井の桜に特化したものとなった。

その上で内容を見ると、桜並木復元の方針は、⑴並木を復活させること、⑵対象とする範囲が広いから地元と相談しながら進めること、⑶樹木が景観に貢献しているから桜と緑との調和を図るとしている。これらはとてもすばらしいことである。そして⑴の具体策として桜の木は10メートルほどの間隔をとること、車道から離して柵内にも植えることなどが挙げられており、これは実行された。

⑵の地元との関連については重要なので原文のままを引用すると「地元の意見を的確に反映した施策となるよう、協働の主体となる地元団体は、地元自治体から紹介・推薦等のあった団体を原則とすること」となっている。この意味は、行政の都合だけで計画を実行せず、市民の声を聞きながら進めるという意味であり、そうであればコブシの伐採の強行のようなことはあり得ないはずである。しかし、住民の意見を聞くという精神で書かれたにしては「的確に反映する」とか「主体となる地元団体は」など含みのある表現がある。これは、実質的には小金井市から紹介・推薦された団体の声だけを聞くという意味であり、団体をスクリーニングする意図があるととれる。そして実際これも実行されることになり、小金井市民の広範な意見を聞くのではなく、特定の団体の声を「的確に反映」することになった。

⑶の樹木が景観に貢献しているから桜と緑との調和を図ることはまったくおこなわれず、桜以外の樹木は皆伐された。つまり自ら立てた計画を実行しなかったということである。

小金井市の整備活用計画

水道局の「整備活用計画書」（2009）とほぼ同時期の2010年に小金井市も「玉川上水・小金井桜整備活用計画――名勝小金井（サクラ）の復活をめざして――」を公表した。もちろんこれは水道局の「整備活用計画」を受けて、小金井市として何をすべきかを書いたものだから、基本的に同じ内容になっている。この中では、小金井市は独自の環境に関する計画をもっており、そのどれもが玉川上水の緑を尊重していることが確認されている。それから地元の協力団体として「名勝小金井桜の会」と「小金井公園桜守の会」などが紹介される。次に複雑な土地区分と責任部局のことが書かれている。史跡名勝指定範囲の所有者は水道局であり、名勝小金井（サクラ）の管理は東京都教育庁である。場所を個別に見ると、歩道は建設局と小金井市、柵内は東京都水道局、名勝指定地の桜は都の教育庁という具合で、複雑怪奇そのもの、一読しただけでは理解できない。

林床の管理

小金井市の整備活用計画の基本方針を見ると、都の整備活用計画が桜に注目しているのに対して、「サクラ並木だけでなく、林床の草堤も再生、維持して生物多様性を回復する」とすばらしいことが書いてある。

生物多様性は重要なので計画の文章を引用すると、「江戸時代の浮世絵や文献等を見ると、サクラ並木の林床は草地となっており、草堤・芝堤と呼ばれ、クサボケ、タンポポ、スミレ、ニリンソウ等の野草が自生する多様性に富んだ草地の生態系が維持されていました。（中略）現在でもモデル区域の比較的日当たりの良い左岸のフェンス内にはクサボケやスミレの群落が残存しています」とある。

私は許可をとってここの群落調査をしたが、実情はここに書かれたものとかなり違う。計画にあげられたクサボケ、タンポポ、スミレ、ニリンソウの4種がどういう意図で取り上げられたかは不明だが、タンポポはセイヨウタンポポとカントウタンポポがあり、前者は外来種である。また「スミレ」とあるが、スミレ類にはたくさんの種があり、玉川上水だけでも5種ほどある。ややこしいことに「スミレ」という名前のスミレ類の一種もあるが、ここで取り上げているのは「スミレ類」という意味であろう。実際に小金井の玉川上水の岸にあるのはタチツボスミレの可能性が最も高い。4つの植物のうち、タンポポ類は道端など直射日光が当たる場所に多く、確かに小金井の桜並木にもよくある。しかしほかの3種は基本的には雑木林の下に生える野草である。クサボケは低木で、早春に花をつけて夏にピンポン球ほどのナシのような果実をつける。タチツボスミレとニリンソウは代表的な雑木林の林床に生える野草だが、少なくともニリンソウはそう多くはない。この観察が行われた時はこれらの野草があったのかもしれないが、今（2021年、

2022年）は雑木林の下に生える野草はほとんどなく、ススキ、ノカンゾウ、ツリガネニンジン、センニンソウなど草原に生える植物のほか、セイタカアワダチソウのような外来種やニチニチソウなどの園芸種が生えている。

計画では強い伐採や刈り取りをすることになっているので、雑木林の野草が戻ってくるのは難しいと思われる。多様性を重んじるという考えは良いのだが、そこに外来種のタンポポを書いていることや「スミレ」という名前の書き方を読む限り、植物のことをあまり知らない人の記述としか思えない。つまり正確な植物生態学的な知識なしに計画されているから、現実にあり得ない異質な群落に生育する植物が混在している。このため実際の管理では、どのようなビジョンを持つかも具体的にどのような管理をすべきかもわからないはずである。そして現実に、外来種の多いヤブ状態になった場所が多い。

東京都と市民の間に立つ

小金井の整備活用計画には「都と市民団体の間に立って連絡調整の機能を担う」とこれまたすばらしいことが書いてある。しかし残念ながら、そうした形跡はまったくみられない。もしそれが機能していれば、市民の声を無視する形で強行された雑木の皆伐も、コブシ伐採の悲劇もなかったはずである。実際におこなわれたことは、100人にも満たないアンケート結果を12万人の市民の声とし、個人の意見は聞かないで「桜並木推進派」の2団体だけを市民の代表であるかのように位置付けてきたことである。本来この計画に書かれた精神は、行政は勝手に計画を立てて遂行するのではなく、市民の声を聞くということにあるが、それは実行されなかった。

小金井市の整備計画

２０１０年に「整備活用計画」を出した小金井市はダメ押しするように２０１２年に「整備計画」を出す。内容は都の整備活用計画とも小金井市の整備活用計画とも大きく重なる。ただ基本方針のところに都と市の役割分担が書いてある。それによると、都の水道局は、桜を被圧している樹木を伐採する、都の教育庁は桜の保存管理と補植を担う、小金井市は活用のための周辺整備を行うとともに、市民団体と協働で桜苗木の育成と提供を行うとなっている。つまり、大きく言えば桜を育てるのが教育庁と小金井市で、樹木伐採が水道局という仕分けがされたということである。

一連の計画と実際になされたこと

この章ではこの20年ほどの間に立てられた玉川上水の計画を見てきた。私自身が見てきた皆伐の無残さと比べると、どの計画も東京に残された貴重な緑の大切さ、桜と緑の調和を図ること、生物多様性にも配慮すること、地元に配慮し市民の声を聞くこと、景観も重んじる、など驚くほどよく書けている。

これらがまともに機能していれば、私たちが受けた「衝撃」はなかったはずである。もし桜と緑の調和が図られていれば、「ケヤキ皆伐の衝撃」はなかった。もし景観が重んじられていれば、「赤テープの衝撃」もなかった。もし市民の声が重んじられ、景観に配慮されていれば、「コブシの悲劇」もなかった。しかし、これらはすべて守られなかった。計画を立てた東京都と小金井市が、自らが立てた計画を実行しなかったとすればそれはなぜなのだろうか。これについては後の章で検討したいと思う。

内容的に大きな問題だと思うのは、水道局が伐採する理由を、樹木が倒れると法面を崩すとしていることにある。しかしこれにには大いに疑問がある（90ページコラム2参照）。にもかかわらず、根拠となるデータが示されないまま、年間1000本もの木が伐採されている。もちろん玉川上水の「壁」のギリギリのところに木が生えていて、上水側に傾いているような場合は、伐採はやむを得ないだろう。しかし、そうではなくて平坦面や斜面に立っている木の場合は倒れる心配はほぼない。それどころか、そのような木は根を張り、その根が土壌をつなぎとめている。また、木があれば樹冠が日陰を作り、雨が降っても葉が受け止めてしずくがゆっくりと枝を幹を下って行く。もしこのような木が伐採されたら、直射日光が当たるようになり、昼間は地面が高温になって乾燥するし、雨が直接地面を叩くようになる。そうなれば、木があるときに比べて表土が流れ出る可能性が大きい。

もう一つの重要なことは、これらの計画を時間を追ってみると、史跡の保存と名勝小金井桜の復活に収斂した結果、東京に残された貴重な緑地という視点が実質的に失われたということである。これは玉川上水全体にとって不幸なことであった。

〈コラム5〉 玉川上水の土地区分

水道局による「整備活用計画」（2009）に玉川上水の指定区域とその管理者の説明がある。それによると実に十もの区域が複雑に配置され、多くのものが重なっているのではなはだ複雑怪奇でわかりにくい。カラーにして黄色や緑やピンクで色分けをし、それに赤や青で枠取りをしてあるが、どうにも理解しがたい。そこで本書に直結する部分だけを取り出し、それを可能な限りわかりやすく図示した（左ページの図）。計画にはこれの倍以上複雑な区分が一枚の図に描いてあることを想像いただきたい。この図はそれより百倍もわかりやすいはずだ。

図示した範囲全体は歴史環境保全地域である。中央に水路があり、法面《のりめん》の上に柵があって柵の外側に歩道があるというのが基本となる。このうち、小金井が例外的に桜並木があって別扱いになる。境界としては柵よりも内側が「史跡玉川上水」として教育庁の管理となり、小金井の桜は歩道であるが史跡の扱いとなる。柵の外にある歩道は都立公園「都立玉川上水緑道」として建設局の管轄となる。

わかりやすさを優先したので、単純化したが、それでもこれほど複雑である。これでは統一的な管理は絶望的なように思われる。

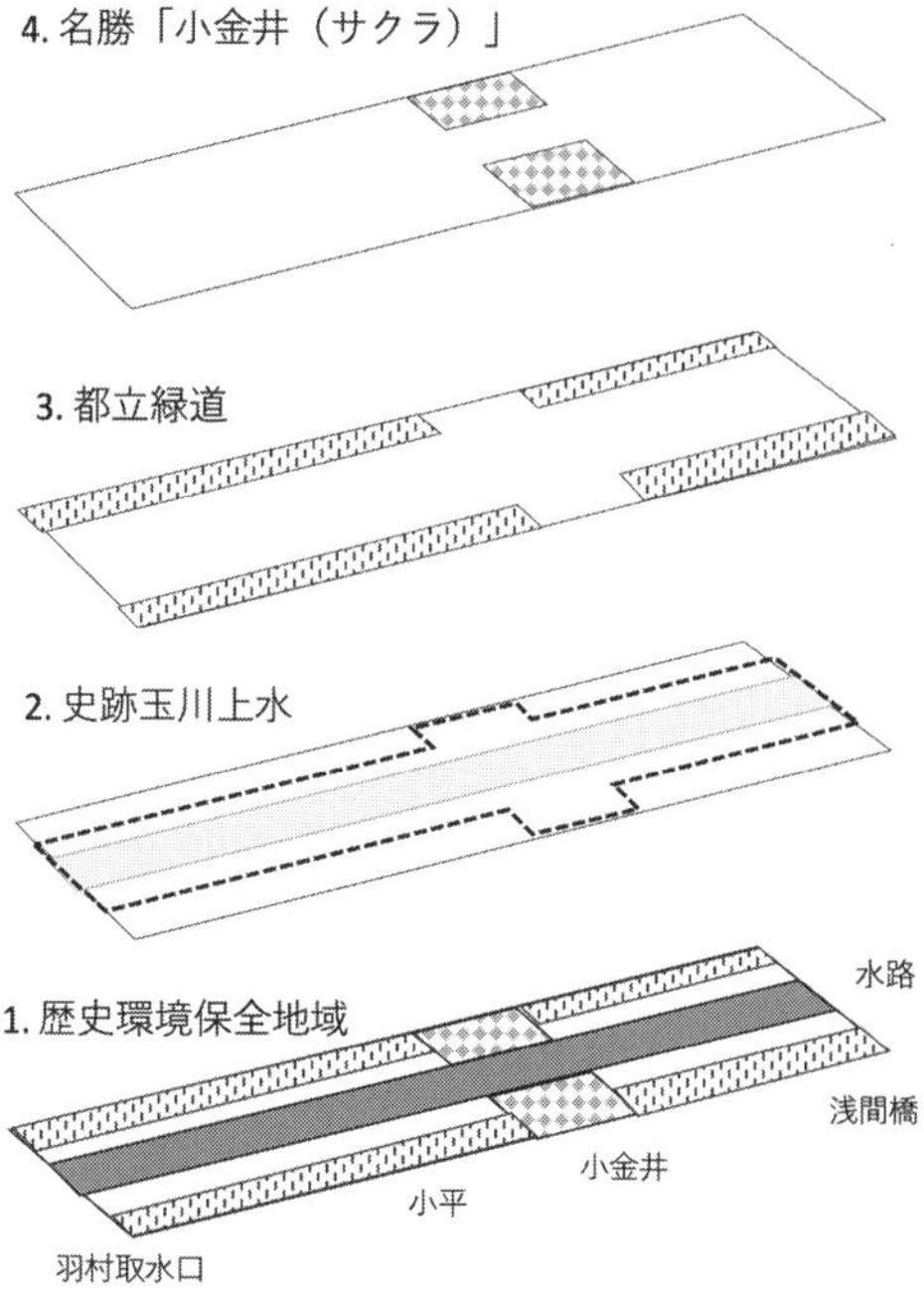

玉川上水の地域区分を説明する図

第10章　台風による被害

桜を優先する小金井の植生管理は、雑木を皆伐することであった。その主たる目的は玉川上水の法面保護にあったが、同時に住民の安全ともされてきた。小金井市は、その危険な木はケヤキであるとしている。しかし私たちの調査によれば、それは事実と違う。「玉川上水花マップ」の活動をしていた2018年の秋に強い風台風がきて玉川上水の樹木が被害を受けた。私たちは「花マップネットワーク」の機動力を発揮して被害を受けた樹木の緊急調査をした。その結果わかったのは、倒れたのは、多くがサクラだったということである。本章ではそのことを紹介したい。

「花マップ」のネットワークの機動力

第2章で小金井市と小平市を比較したが、一言でいえば小金井市はサクラを、小平市は雑木林を大切にしているといえる。

広重の錦絵を見てもそうだが、桜並木といえばサクラだけが生えている。ということは、それ以外の樹木は生えないように管理をしていたということである。このことの持つ問題点を取り上げる。

花マップの調査が軌道に乗るようになった2018年の秋のことだが、9月30日の夜中に台風24号が東京を襲った。大変な風で、家が揺れて安眠できないほどだった。記録によれば八王子では瞬間最大風速が45・6キロメートル／秒を記録したという。翌朝電話があって「玉川上水の木がたくさん倒れてるよ」とのこと、慌てて見に行ったら、コナラの木が玉川上水を跨ぐように倒れていた。これはきちんと記録しておいた方がよいと考えた私は、すぐに「花マップ」の仲間に連絡して、区画を分担して、倒木を記録するようにお願いした。その内容は、倒木の種類、状態（根返りか、幹折れか）、倒れた方位、樹木の太さとした。皆さん、すぐに動いてデータを送ってくれた（次ページ上写真）。私はこの時ネットワークの組織力の威力を痛感した。

もっともそれと同時に感心したのは、行政の対応の速さだ。私たちの動きも速かったが、現場に行くとすでに処理されている樹木がかなりあり、そのためにサクラについてはヤマザクラなのかソメイヨシノなのか区別がつかなかった。また根もとからチェーンソーで切られたものは太さを測定する標準的な高さである1・2メートルの部分がないので、切り株の直径を測定せざるを得なかった（次ページ下写真）。

調査でわかったこと

こうして台風24号で111本の木が倒れたことがわかった。その内訳は幹が折れたものが約80%、根返りが約20%だった（次ページ写真）。樹種の内訳はサクラが37本で33・3%、ついでコ

幹が折れたサクラを測定する「花マップネットワーク」のメンバー（撮影：加藤嘉六氏）

幹折れした後チェーンソーで幹を切り取られたサクラ（小金井市、撮影：加藤嘉六氏）

ナラが13本、クヌギが11本などだった。また倒れた方位は北向きが78・4％で、これは台風の風が南から北に吹いたからである。

データを集計しながら気づいたことがある。それは倒木の内訳で、小金井のサクラがほかの場

根返りしたクヌギ（上）と幹折れしたサクラ（下）
撮影者：上は桜井秀雄氏、下は大塚恵子氏

所に比べて明らかに多いのである。この印象はきちんとデータをとって比較しないといけないので、台風騒ぎが収まってから玉川上水の11カ所で長さ１００メートルかそれ以上の調査区をとって直径20センチメートル以上の樹木の種類と太さを調べた。

風で倒れたり折れたりした木を「風害木」と呼ぶと、玉川上水の小金井以外の場所では風害木が69本あり、このうち52本（69・０％）はサクラ以外の木だった。これに対して小金井では27本の風害木があり、そのうち20本（74・０％）はサクラだった。つまり小金井以外の場所での風害木ではサクラは３分の１ほどだったのに対して、小金井では４分の３がサクラだった（上図）。

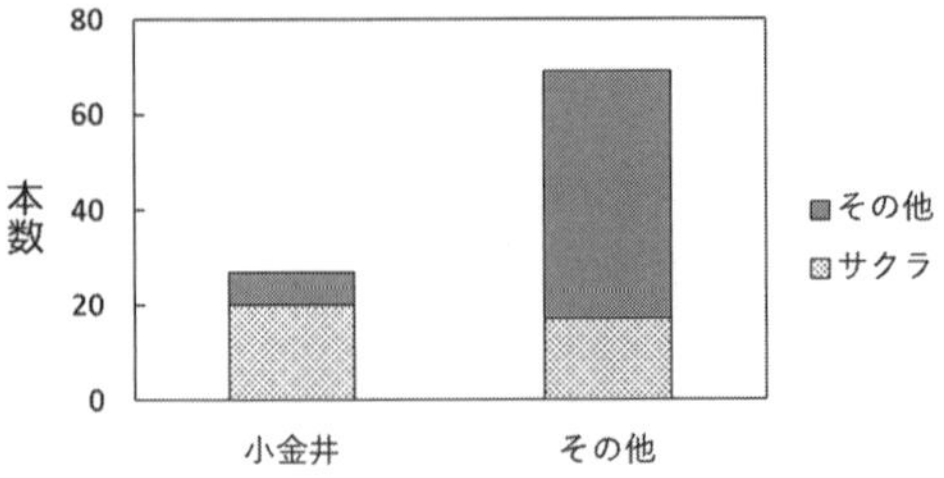

玉川上水の小金井とそれ以外の場所での風害木の本数（高槻 2020 より作図）

もともとの樹木については、11カ所で調べたデータから距離で推定した。これによると小金井以外の場所では１００メートルあたり30本ほどあって、ほとんどはサクラ以外の木だったが、小金井では１００メートルあたり８本ほどしかなく、そのほとんどはサクラだった（左ページの上図）。これはもちろんサクラを植えて、サクラ以外の木は伐ってしまうという管理をしているからである。

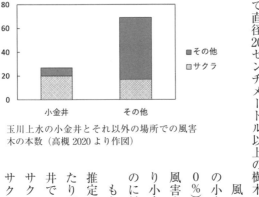

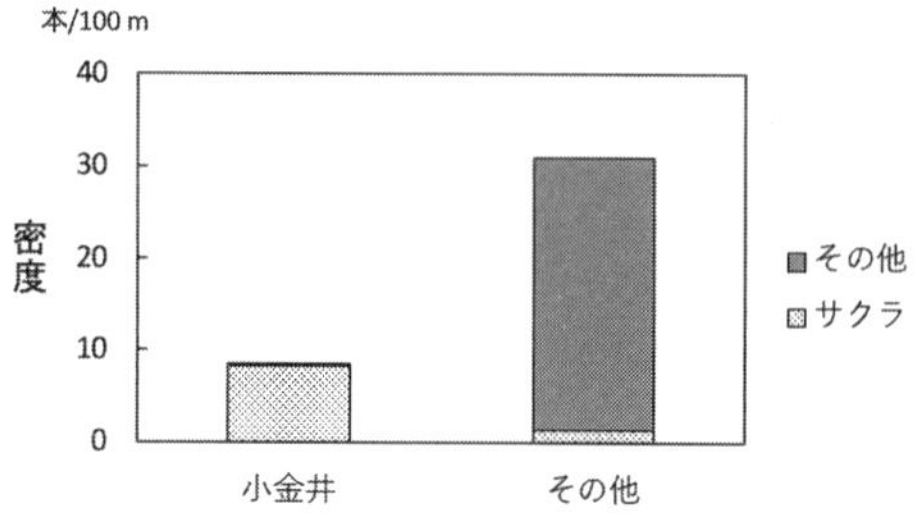

玉川上水の小金井とそれ以外の場所での樹木密度
（高槻 2020 より作図）

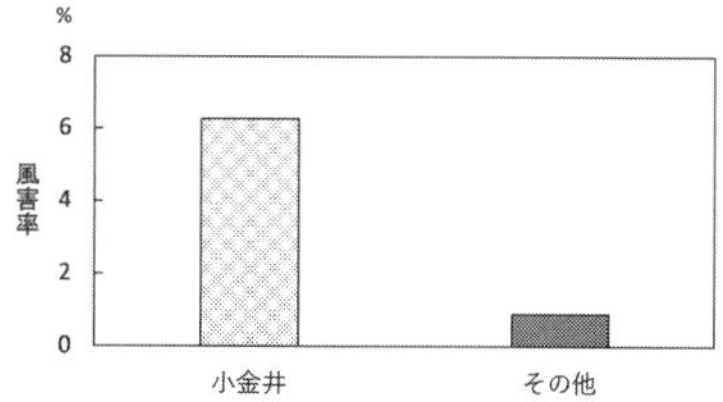

玉川上水の小金井とそれ以外の場所での風害率
（高槻 2020 より作図）

これをもとに、もとの樹木数に対する風害木の割合である「風害率」を求めると、小金井以外の場所では0・9%だったが、小金井では6・3%であり、7倍も高いことがわかった（上図下）。

これをサクラの側から見れば、1本ずつが離れて生えているから、そこに強風が吹けばまともに風を受けることになり、当然折れたり、倒れたりしやすくなるということである。

これをまとめると次のようになる。

小金井ではサクラだけを残す管理をしてその他の木をすべて伐ってしまったから、残されたサクラは離ればなれに生えている。その結果、強い風が吹けば風をまともに受けてサクラが折れたり、倒れたりする。小金井市では「風が吹くとケヤキが倒れるのでケヤキを伐採する」としているが、小金井での風害木のほとんどはサクラであった。都市で道路に沿って生える木は風で倒れる危険はつきもので、安全のため、伐採や剪定は必要なことだ。しかし、それをすべきはサクラであってケヤキではない。

もう一つ付け加えるならば、小金井のサクラはソメイヨシノではなくヤマザクラである。ソメイヨシノは江戸時代に作られた園芸品種だが、ヤマザクラは野生植物である。ということは山で他の樹木とともに森林という共同体（コミュニティー）の一員として生きるように進化してきたはずである。そのヤマザクラからすれば、離ればなれで生えることは迷惑なことに違いない。その意味で、現行の桜管理は桜を「守る」といいながら、実は虐待していることになる。

ヴォールレーベンの言葉

ドイツの森林管理者であるペーター・ヴォールレーベン（２０１８）は樹木を知り尽くした人だが、樹木がともに生えることについて次のように記している。

「では、樹木はなぜ、そんなふうに社会をつくるのだろう？　どうして、自分と同じ種類だけでなく、時にはライバルにも栄養を分け合うのだろう？　その理由は、人間社会と同じく、協力することで生きやすくなることにある。木が１本しかなければ森はできない。森がなければ風や天候の変化から自分を守ることもできない。バランスの取れた環境もつくれない。

逆に、たくさんの木が手を組んで生態系をつくりだせば、暑さや寒さに抵抗しやすくなり、たくさんの水を蓄え、空気を適度に湿らせることができる。木にとってとても棲みやすい環境ができ、長年成長を続けられるようになる。だからこそ、コミュニティを死守しなければならない。1本1本が自分のことばかり考えていたら、多くの木が大木になる前に朽ちていく。死んでしまう木が増えれば、森の木々はまばらになり、強風が吹き込みやすくなる。倒れる木も増える。そうなると夏の日差しが直接差し込むので土壌も乾燥してしまう。誰にとってもいいことはない。」

この文章を読んだ時、私はまるでヴォールレーベンが玉川上水の木々のことを見ているようだと思った。

論文にする

以上、小金井市で見た無残なケヤキの伐採痕に衝撃を受けたこと、それも玉川上水であり、隣の小平市の雑木林のような林もまた玉川上水であることを書いた。そして台風によって玉川上水の木が被害を受けた中で、小金井市ではサクラの古木がたくさん折れたり倒れたりして、その被害率が他の場所の7倍も高いことがわかったことを紹介した。伐採に対する憤りはある。しかし生物学を学ぶ者としての私は、感情をぶつけるのではなく、生物学的な事実を正しく記述し、その意味を冷静に捉えたいと思う。調査は大変なところもあるが、風害木の調査は多くの仲間の協力を得ておこなった充実したものだった。この結果は「２０１８年台風24号による玉川上水の樹木への被害状況と今後の管理について」という学術論文になった（高槻２０２０、巻末の文献一覧参照）。

カワセミ

第11章　小金井の桜について

私たちは東京に残された数少ない自然としての玉川上水のあり方を考え、そのよりよい未来を望んでいる。そのことは第12章以降で考えるが、玉川上水の自然の中でさまざまな意味で特別なのが小金井の桜である。前章ではその小金井桜が風害を受けやすいという意味で問題点もあることを示した。風害も問題ではあるが、私たちが指摘したいのは、桜偏重の考え方そのものがいくつもの問題を抱えているということである。本章ではそのことを考えたい。

サクラについて

私は植物が好きだから、もちろんサクラも好きである。公園などに植えられているソメイヨシノもきれいだとは思うが、山で見るカスミザクラ、ウワミズザクラ、チョウジザクラなどいろいろなサクラがあり、それぞれに魅力を感じる。そしてサクラを愛する日本の伝統もよいものだと思う。そのことを少し考えてみたい。

興味深いことにというか、皮肉なことにというか、小金井のサクラはよく花見で楽しまれるソメイヨシノではなくヤマザクラである。ここでいうヤマザクラとは「山に咲くサクラ」という意味ではなく、生物学的に「ヤマザクラ」と名付けられた一種である。ソメイヨシノは江戸時代末期に作られた園芸品種であるとされ（勝木 2015）、最近の遺伝学の研究によって日本中のソメイヨシノはクローン、つまり同一個体を分けたものだということがわかっている（勝木 2015）。そして移植が容易で生長も速いので、明治時代以降に学校や公園などに植えられて爆発的に増えた。洪水防止にもなるので、川の土手にも植えられた。花見の名所に川岸というのはよくあり、玉川上水も——ソメイヨシノではないが——川岸だ。ソメイヨシノは花の数が多く、樹冠いっぱいに淡い桜色の花を咲かせ、短い間に散るので、私たちはサクラの時期になると、「やっと開花したらしい」とか「五分咲きになったらしい、もうすぐだな」などと気もそぞろになり、咲けば咲いたで、雨で花が散りはしないかと気を揉む。

花見と言えば桜の木の下で酒盛りというのが定番である。楽しそうに語り、大声で歌い、中には泥酔する人もいる。都会の公園では陣取りも盛んで、会社の新入りが早めに陣取りをするというのもよく聞く。思えば桜の開花は日本人の生活に特異な形で入り込んでいる。

もともとの花見

こういったところが現代の花見だが、伝統的な花見とはどういうものだろうか。桜と言えば吉野山で、ヤマザクラが山を覆うとされる。吉野山がいわば「桜だらけの山」であるのには理由がある。桓武天皇が病を患い、手を尽くして治療したが治らず苦しんでいたとき、吉野山の僧が加治をしたところ治癒したので、天皇は大いに喜んだ。吉野は修験の場で桜が神木であったので、天皇はお礼の意味で桜の花を供える花供会を行事としたという（大貫 2003）。それ以来、吉野を訪れる人は桜の苗を植えるようになり、次第に桜が増えてやがて山全体が「下千本、中千本、上千本」と呼ばれるほど桜の山となったということである。

つまり人手によって桜が多い山になったわけだが、ヤマザクラはソメイヨシノのような園芸品種ではない。純然たる日本の野生植物である。ソメイヨシノとは違い、花の時期に葉が開いており、その色がえんじ色なので淡い桜色の花とのコラボレーションがえもいわれず美しい。そして周りにナラやシデの新緑があり、それらとともに林を形成する。長い進化の中で他の植物と林という共同体を作ってきたのだから当然のことである。ましてや人々が植えるようになる前の吉野山ではたくさんの落葉広葉樹の薄緑色の中にヤマザクラの淡い桜色の木が点々とあるという状態だったはずであり、人々はそういう桜を見て楽しんだものと想像される。秋の紅葉狩りも同じ趣《おもむき》のものであろう。

日本社会と花見

桜は平安の昔から日本人に愛された花で、花といえば桜を意味するほどだ。その伝統は引き継がれ、江戸時代には花見が盛んになる。明治維新の後の日本は日清、日露の戦争に勝利し、軍国化を強めて行く。私たちは日華事変から太平洋戦争に至る時代に、その桜を「潔く散る」ことに結びつけた日本社会のことを忘れることはできない。「桜花」とは帰ることのない飛行機（飛行機というより機首に爆弾を搭載した、人が操縦するロケットというべき兵器）という非人道的な武器に名付けられた名前である。この桜のイメージが軍部によって意図的にねじ曲げられたことについて、極めて詳細に引用し、深い思索を描いたのが名著『ねじ曲げられた桜』（大貫 2003）である。

日本人と桜といえば本居宣長の次の歌が象徴的とされるほど広く知られている。

敷島の大和心を人問はば朝日に匂ふ山桜花

私にはこの歌の意味がよくわからない。この「山桜花」をヤマザクラと決めつけることはできないはずだが、宣長は松坂の人だからこのサクラはヤマザクラの可能性が大きい。しかも『玉勝間』には「花はさくら。桜は山桜の葉赤くてりて　ほそきが、まばらにまじりて、花しげく咲きたるは、また　たぐふべき物もなく、うき世のものとも思はれず」と、葉が赤いと書いているから、まさにヤマザクラであって、ほかの桜、ましてやソメイヨシノではない。

宣長の和歌は、大和心とは山桜であり、それは「朝日に匂ふ」としているところから、昼には失われるはかなさを詠んでいるととれるかもしれない。日本軍はまさにそのことを利用したわけだが、私にはそれよりも、長い冬を耐え、春が来たことを喜ぶ心に象徴される、季節に敏感な、自然の中に生きる生き方が日本人の心なのだと詠《うた》っているように思える。

小金井桜はヤマザクラ

さて、小金井の桜だが、1654年に完成した玉川上水は江戸市民の生活用水であるとともに、多摩地方の農業用水でもあり、これによりこの地方に人が住めるようになった。幕府の命を受けた川崎平右衛門はこの地方の水田開発に尽力したが、1739年の飢饉に苦しむ農民のために、玉川上水に桜を植えた。そのことは小金井の海岸寺に今も残る石碑に書かれており、そこにはこの桜は吉野と常陸（茨城）から取り寄せたヤマザクラだと書いてあり、ソメイヨシノではない。花見も平右衛門の目的の一つではあったが、桜を植えた当時は樹下に大勢の人が集まって花見をするということはなかったようだ。その後、文化人たちが小金井桜を紹介し、広重の錦絵が有名になるなどして江戸から人が来るようになるが、この花見は吉野山のものと違い、人工的になった「ソメイヨシノ型」の花見である。それは百万人の人口を擁する江戸という大都市に暮らす都会人の好みに合っていたのかもしれない。

昭和初頭（1926年頃）の小金井の桜並木（伊藤、2007より）

　現在の小金井市は「玉川上水の桜を大切にしよう」と力説し、桜以外の雑木《ザツボク》は皆伐すべきだと主張する。それはソメイヨシノ型の花見の形であり、川崎平右衛門が植えたヤマザクラの花見のあり方とは違う。平右衛門は桜を見て楽しむのは一つの目的にすぎず、夏の日照りの日の木陰になること、根をはって岸を守ること、水を清めることなど、どちらかと言えば農民の実生活に役立てることを目的に植えたという印象を受ける。小金井市の「玉川上水・小金井桜整備活用計画」（２０１０）には、小金井に植える桜について厳格にヤマザクラに限定すると書いているが、そこには「ヤマザクラであるにもかかわらずソメイヨシノ型の花見になっている」という矛盾があるのだが、その矛盾についての考察が欠如している。

　ただし、広重の時代にすでに「ヤマザクラをソメイヨ

五日市街道に面する小金井の桜並木（2021年9月）

シノ型で楽しむ」という形が定着していたのだから、東京ではヤマザクラで現代風の花見をしていいのだという言い分には理があるかもしれない。それを主張する人たちは、自分たちが子どもの頃は桜並木がきれいだった、あの頃に戻って欲しいと主張する。人は誰でも子どもの頃を懐かしみ、その頃見た景色が失われれば戻して欲しいと願うものだ。それはよくわかる。しかし、変わったのは雑木が増えたことだけではない。当時、五日市街道は幅の狭い舗装されない道路で、自動車の数も少なく、花見には格好の場所だった（右ページの写真）。

しかし今では幅の広い舗装道路になり、交通量も相当のもので、ここで花見はできない（上の写真）。

この意味で、昔に戻すということはどういうことか、よく考える必要がある。そして本当に今の、そしてこれからの小金井市の玉川上水にとって花見のために広葉樹類を皆伐することが市民のためになるかを原点に戻って深慮する必要がある。

小金井市民の訴え

ここで小金井市民である橋本承子さんが小金井市長にあてた文章をご本人の了解を得て紹介したい（文意を変えない程度に修正）。

私は緑豊かな玉川上水に面するところに家を建てて9年が経ちます。桜守の会に入れていただき、お手伝いをしたいと考えておりました。しかし、住み始めて1年で自宅前の美しい木々は伐採されてしまい、騒音と排気ガスを感じるようになりました。それが桜を植えるためだと聞いて大変悲しく思いました。桜は大好きですが、ケヤキやその他の植物が美しい花を咲かせ、夏の日差しを遮ってくれる緑があってこそのここの環境だと思います。伐採をする上では、ケヤキが深く根を張って土を支えていること、桜だけにしてしまった場合の夏の暑さや病害虫の繁殖などが検証されなければいけないはずですが、それがなされないまま伐採が進められています。名勝の桜を見るためとは言え、小金井市の木であるケヤキを含めすべての樹木を伐採するのは大変問題だと思います。他の緑と共存しながら桜を守るやり方を探せないでしょうか。日本に一つだけのそんな桜並木が小金井市にできたらすばらしいと思います。どうか今のやり方を今一度見直していただけないでしょうか。

小金井市長の回答

これに対する西岡真一郎小金井市長（当時）の回答（2019年12月24日）は次のとおりである（要約）。

まず、小金井桜の事業は東京都と小金井市が国の史跡・名勝に指定されていることが書いてある。そして「小金井といえば玉川上水の桜」と言われるように、小金井にとって重要であることが書かれる。そして、その桜が高木の繁茂や自動車の排気ガスによって損なわれていると続き、それを良い形で復活するのが「私たちの」役割であるとしている。ここで回答はケヤキに転じ、ケヤキも大切で、小金井市では市の天然記念物にしたケヤキもあると書いてある。その上で、玉川上水の桜に戻り、名勝保護のため、桜の成長を阻害する樹木は伐採するとある。そして台風によって多数のケヤキが倒れて玉川上水を破壊し、住民に被害が出たとする。「だからケヤキは伐採する」と伐採の正当性を謳った上で、ただし皆伐はしないで桜を被圧しない樹木は残し、桜と草地の植生を残すとしている。最後には、伐採したばかりの現状は緑が少ないと感じるかもしれないが、時間が経てば桜も育って緑が増えるから、心配しないで長い目で見てほしいと結んでいる。

回答の問題点

私はこの回答は基本的に小金井市が作った「玉川上水・小金井桜整備活用計画」（２０２０）に沿ったもので、表層的に読めばよく書けていると思う。しかしいくつもの問題がある。

まず事実と違うことがある。台風でケヤキが多く倒れて玉川上水や住民に被害が出たというのは事実と違う。私たちは正確に風害木を調べたが、小金井地区で被害にあった27本のうち大半の20本はサクラで、ケヤキは2本に過ぎない（高槻　２０２０）。被害を起こしたのはケヤキではなくサクラである。

また西岡前市長は桜を被圧しない樹木は残し、皆伐しないと明言してるが、実際には皆伐された。橋本さんは自宅の前でその事実を見て市長あての文章を書いて見直しを訴えているのに、それを聞かないかのような回答は誠意がない。

この回答にはそういう問題もあるが、それ以上に大きい問題は地元と東京都の関係にある。西岡前市長の回答には皆伐はしないと明記されている。にもかかわらず水道局によって皆伐されたということは、東京都が小金井市の意向を反映しないで皆伐した可能性がある。もしそうであれば、大きな問題であろう。しかも東京都の計画の中にも桜と緑の調和を図るべしと書いてあるにも関わらず、である。市民の感覚で言えば、玉川上水の管理主体が東京都であるとしても、日常的に接するのは小金井市民であり、その市民と直接接するのは都の職員ではなく市の職員である。

だから小金井市の範囲の玉川上水について、小金井市としての考えを東京に伝え、東京都がそれを都民の声として受け止めるというボトムアップであるのが当然なはずである。ところが、実際はまったくそうはなっておらず、まず国の文化庁が指定し、それを東京都が計画化し、それを受けて小金井市が計画を立てるというトップダウンの手順が採られた。

計画は終わった

さて、計画に基づいたことになっている事業は2020年の3月で完了した。実際には計画に書かれたこととは違って皆伐が強行されたし、地元の意向や市民の声も無視された。現在の小金井の桜並木回復のモデル地区には桜が間隔を空けて植えられており、落葉広葉樹は皆伐され、寒々とした景観になった（口絵4）。これを見た多くの人は橋本さんがそうであったように「桜は好きだがこれはやりすぎだ」と言う。このことについて私の考えを書いておきたい。

問題あるアンケート

非常に重要なことが二つある。

まずこの計画が10年をかけて遂行されたのだから、この事業が適正であったかどうかを評価する必要がある。評価は二つあり、一つは市民による評価で、もう一つは専門家による科学的調査である。

小金井市はアンケート調査をしているが、質問があまり感心できず、聞いた範囲が狭すぎる。2011年6月に小金井市教育委員会が行った玉川上水に近い住民を対象に行ったアンケートは(A)サクラ以外の樹木伐採による環境等の改善・影響についてと、(B)サクラ以外の樹木の伐採量についての二つで、(A)については選択肢が①良くなった、②まだ判断できない、③影響があった、の三つである。これでは橋本さんのように、皆伐はよくないと感じた人に選択肢がない。アンケートの設問としては、①良くなった、②悪くなった、③その他などとすべきである。

それも問題だが、それ以上に問題なのは伐採の影響を受けるのが「環境など」と意図的に曖昧にされていることである。普通の人は環境への影響と聞かれれば、人間の生活環境と受け止める。しかし伐採の目的が桜並木の回復なのだから、影響を受けるのはまちがいなく桜のはずである。もし(A)の設問が「樹木伐採が桜に及ぼした影響」となっていれば、アンケート結果は違うものになった可能性が大きい。実際の結果は①の「よくなった」が69%、②の「まだ判断できない」が21%だった。報告ではなぜか①と②を合わせて、80%以上の多数が「環境」がよくなったと考えていると結論している。
(B)についてはは具体的だから設問としては妥当だと思う。その結果、「この程度で良い」、「もっと伐るべき」が75%であったことから、住民は伐採を歓迎していると評価している。したがって全体としては玉川上水沿いの住民が伐採を歓迎していたというのは確かだったのだろうと思われる。

しかし私がこのアンケートを問題だと思うのは、次の二つの理由による。一つはこのアンケートが玉川上水沿いの住民しか対象としていないこと、もう一つは皆伐か桜とその他の木を共存させるかを書いてないことである。得られた回答数は67に過ぎない。これを人口12万人の小金井市の市民の声とするにはあまりに少ないといわざるをえない。そして、この計画では伐採は皆伐なのか、桜とその他の木を共存させるものにするかも明示すべきであろう。また「小金井市の木」であるケヤキを多数伐採することを明示すべきなのにそれにまったく触れていない。

もしバランスの取れた質問内容を小金井市民全体に問うというアンケートをし、それで多数が皆伐に賛成したのであれば、それは市民の多数意見であるとしてよい。しかし、もしそうでなければ今からでも落葉樹との共存をする植生管理に方向転換すべきであり、それは十分に実現可能なことである。10年間の計画が完了した今、そのようなアンケート調査をぜひ実行すべきである。生物多様性の考え方が定着してきた今、10年以上前の方針を見直すことはごく自然なことであり、今後の玉川上水の保全にとっては必要不可欠なことでもある。

科学的な検証

アンケートとともにもう一つの重要なことは、専門家による事業の評価である。あらゆる公的な事業は完了後に評価して報告されるべきである。税金を使って行われる事業なのだから、市民は知る権利があり、行政は報告する義務がある。名勝である小金井の桜の保護・復活は、その計画が正しく実施されたかを評価されなければならない。

小金井の桜については、2020年3月で計画が完了した。その時点で当然評価されるべきことは、桜のために広葉樹を排除したが、それは目的である法面保護に有効であったか、伐採に当たって景観に配慮されたか、生物多様性の理念にふさわしいものであったか、地元の意向や住民の声を反映したかなどである。しかし2022年9月の時点で、専門家による調査はされていない。

花見と皆伐は相容れない

現在の小金井市には小金井公園があり、ソメイヨシノがたくさんあって現代風の花見がおこなわれている。その目と鼻の先に五日市街道を挟んで玉川上水のヤマザクラ並木がある。その桜並木と玉川上水の間に歩道があり、歩道の玉川上水寄りに柵があって柵の内側は伐採されて草が生えている。この植生管理について、私は二つのこと提案をしたい。提案でもあるが、要望でもある。

一つは、まさに計画は正しく実行すべきだということである。計画をよく読むと桜は大切だが緑との調和も大切だと明記されている。また景観に配慮すべきだとも書かれている。これを正しく捉えれば、桜以外の雑木をすべて皆伐することにはならず、現行の皆伐は見直されるべきである。なぜなら、皆伐は計画に書かれた「緑との調和」にも「景観の配慮」にも真っ向から対立するものだからである。また計画には地元の意向をよく聞いて計画を実行すべきだも書いてある。これが正しく実行されているかどうか、私には疑問に思われる。桜復活派の声は聞かれているが、桜以外の植物も守ってほしいという市民の声は届いていない。

もう一つの提案は、この計画に通底する「玉川上水にとって桜並木こそが重要である」という考え方そのものを見直すべきだということである。それは生物多様性の保全という考え方に由来する。生物多様性の保全とは、近年の地球環境の危機を深刻に受け止めて、地球のため、人類のために生物を多様性という視点で保全していこうとするもので、もちろん我が国としても、東京都としてもこの考えを受け入れ、進めようとしている。私はこの考え方は日本の伝統的文化とも深く通じるものであることに確信がある。それは人も草木も含め、すべての生き物は同じように尊く、一緒に生きようという素朴な思いである。

そう考えれば、さまざまな種類の木があり、そのそれぞれの木が違う葉をつけ、花を咲かせ、果実をつけることを知ることもなく「雑木《ザツボク》」として、ジェノサイドのごとく皆伐してしまえという姿勢は、日本の伝統的な自然への向き合い方とは相容れない。そして、第8章で紹介したあのコブシのことが改めて思い出される。あのコブシは多くの人が春になって白い花が咲くのを楽しみにし、景観を形成するのに大きな貢献をしていた。しかも市民が伐らないで欲しいと張り紙をして懇願したのである。それを無視して伐採してしまう行政とは、いったい何なのであろうか。

小金井市民である田頭祐子さんは、次のように語った。

小金井桜の復活のために他の木を伐採すると聞いた時は、あまりにも打ち捨てられて茫茫になっているのが少しはきれいになると思ったので、反対する人は誰もいなかったんです。私もそうでした。ところが本当にバッサリと皆伐されてしまったんですね。それを見たときは「これはいけない、ここまで伐る必要があるのか」とショックでした。私は小金井桜はソメイヨシノではなくヤマザクラなのだから、他のいろいろな木の中に桜があるというイメージを持っていて、そういう林が復活すると思っていたんです。ところが説明を聞くと「江戸時代のあの桜並木にするために他の木はみんな邪魔な雑木（ザッボク）だから全部伐る」と言うので本当にびっくりしました。

それが多くの市民の声であろう。

このように現行の小金井の桜に対する管理の仕方は、一つには計画が正しく実行されていないという点で、もう一つには計画そのものが現在、そして未来の玉川上水のためにはふさわしくないという点で見直すべきだというのが私の考えである。

ヤマザクラ

第12章　アンケート

私は2008年に縁あって小金井市に引っ越しました。長い海外での生活から心身ともに疲れ切っていた時に、リハビリを大いに助けてくれたのは、玉川上水などきめ細やかで豊かな小金井の自然でした。玉川上水の木々が無惨に伐採されている姿を見た時は声が出ないほどおどろき、身を切られるように辛く、今も近くを歩けば涙が出そうになります。

一体どんな目的で行政はこのような心ないことをするのでしょうか？　玉川上水の自然は私たちの共通の資源です。きちんと事前に住民と話し合う機会を設けたのでしょうか？　こうした疑問は玉川上水に関してだけではなく、小金井市の都市計画全体に常に感じています。何年先を見てどのような市にしていきたいのか、長期ビジョンが見えません。目先の合理性や古い価値観に縛られて、お金では買えない、かけがえのない市の、人類の豊かな恵みを自ら捨てようとしていませんか。自然と人間が共存できる都市のデザインを新しい発想で市民と行政が一緒に作り上げていく何らかの仕組みをぜひ実現させてください。

「まえがき」にも紹介した心に響くこの文章は、私たちが行ったアンケート調査に書かれたものである。私は前章で小金井市によるアンケートに触れた。それは、設問が恣意的であること、わずか68人の回答であり、小金井市民の総意とは言えないという点で問題があった。

そこで私たち自身でできるだけ中立なアンケートをとることにした。２０２１年11月19日から２０２２年４月までにさまざまな方法により４５７の回答を得た。十分とは言えないかもしれないが、小金井市の68通の7倍ほどである。

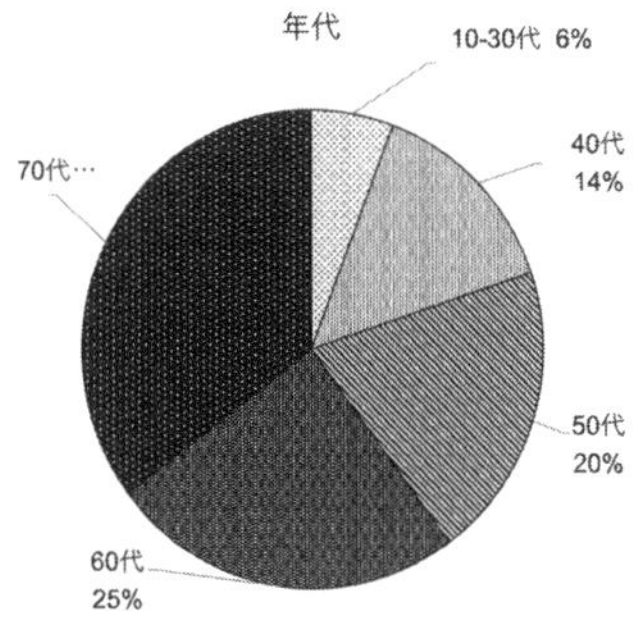

回答者の年代

導入部

回答者の年代は50歳代以上が４分の３以上で、70歳代以上が34％を占め、若い世代が少なかった（上図）。これは自然への関心は大人になってからという人が多いこと、シンポジウムへの参加者が中年以上の人が多かったことなどが関係していると思われる。

以下、質問に対する回答で、まず玉川上水への訪問頻度とした。

Q1　玉川上水をどれくらい歩きますか？

これには、ほぼ毎日という人が14％もおり、週に数回という人と合わせると34％に達した（上図）。一方、年に数回と数年に一度と訪問頻度が非常に低い人が42％もあった。これはブログなどを通じて回答した人のうち、東京都以外に在住の人の多くが、関心はあっても実際上訪問しにくいからだと思われる。

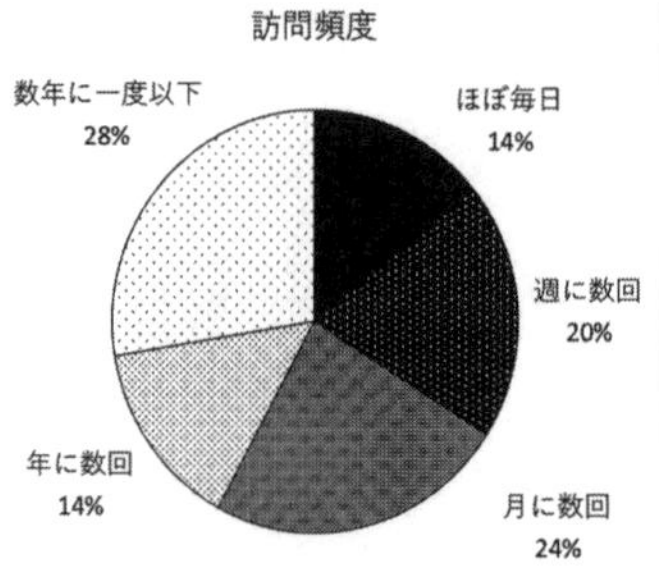

玉川上水の訪問頻度

質問

ここからの質問は我々自身が知らず、玉川上水のことを調べ始めて知ったことで、こういうことをどのくらいの人が知っているかという関心から設問した。

Q2　玉川上水は江戸庶民への水道水を供給する運河として江戸時代に作られ、昭和40年にその役割を終えました。通水停止後には40メートル道路案、鉄道案など、埋め立てられインフラとして使われる案があったことを知っていますか？

この案は古い時代のことであり、内容も特殊であったことを考えると、このことを知っていた人が3分の1程度いたのは意外感があった（次のページの上図）。

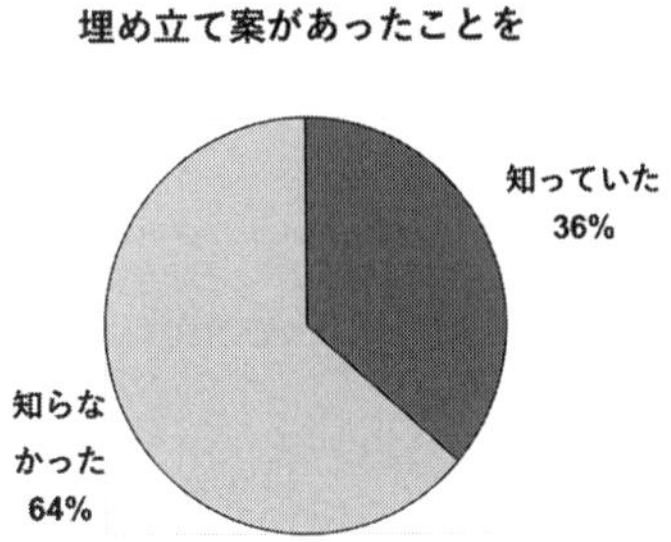

玉川上水の埋め立て案を知っていたか知らなかったかの回答

これは回答者が高齢者に偏っていたことが影響しているものと思われる。この人たちは古くから玉川上水のあり方に関心を持ってきたということかもしれない。

Q3 通水停止後に「武蔵野の雑木林を残して欲しい」という市民運動が起こり、昭和46年美濃部都知事により道路案、鉄道案は撤廃されました。その後、下記の「埋め立てて遊歩道にする案」があったことをご存知ですか？

このこともほとんど知られていない内容であり、知っていたと回答した人が20％いたのは驚きだった（下図）。このことも回答者が高齢者に偏っていたが影響していると思われる。

これ以降は小金井の桜に関する質問になる。

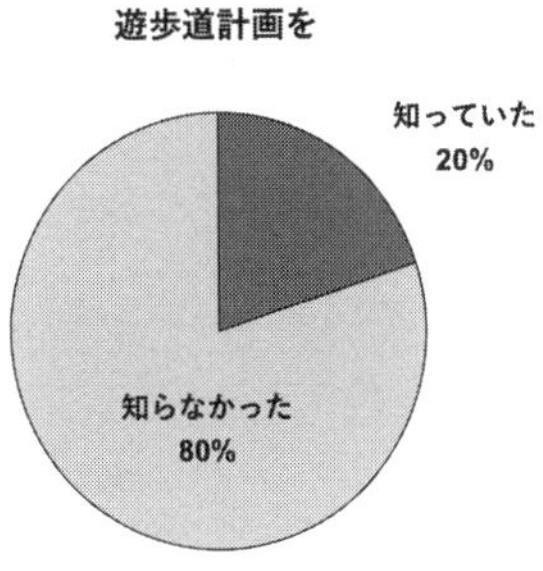

埋め立て歩道案を知っていたか知らなかったかの回答

史跡と自然の保存計画だったことを

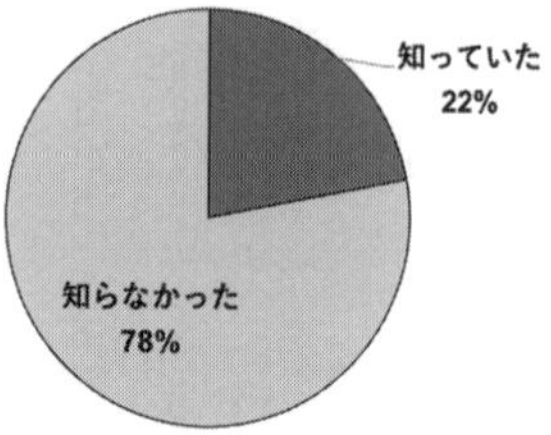

史跡と自然の保存計画を知っていたか知らなかったかの回答

Q4 昭和51年に玉川上水を「史跡」に指定することで国と都が合意しました。その内容は「岸辺の雑木林ともども永久保存する」というものだったことをご存知ですか？

この質問は、もともとの計画には史跡も雑木林も共存させて保存するものであったのに、その後、実質的に無視して雑木林を伐採したことを取り上げたものである。これに8割ほどの人が知らなかったと答えたということは大きな問題であろう（上図）。

実際におこなわれたのは史跡と自然の共存ではなく、もっぱら史跡の保護であるから、計画を進めるにあたっては「桜並木は小金井の名勝なのだから、古い合意はなかったことにして桜並木のことだけを強調しよう」という意図があった可能性がある。そうであれば悪質だが、そのような意図はなく、その合意が正しく伝えられて来ずに忘れられていたのかもしれない。しかし、もちろんそれは許されることではない。

Q5 実際に史跡に指定されたのちに策定された管理計画は、文化財保存（遺跡としての玉川上水と名勝小金井桜）のことばかり強調され、玉川上水沿いの緑地を次世代に継承する目的は大幅に削除されてしまっています。玉川上水（現在の開渠部分）の管理は下記のどれが良いと思いますか？

この質問はＱ４と関係している。自然保護派の人は「遺跡よりは自然」と主張しがちなので、私たちのアンケートに答える人の場合そう答える人が多いのではないかと予想していたのだが、「自然を優先すべきだ」という意見は回答者の４分の１にすぎず、４分の３は「文化財と自然を共存させて保存すべきだ」と考えていた（上図）。

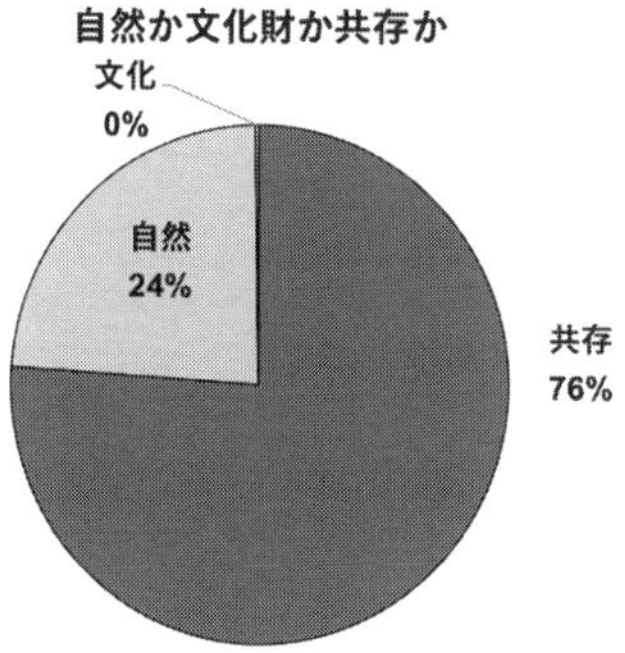

玉川上水の管理の目的についての意見分布

つまり大半の人は玉川上水の価値は自然と遺跡が良い形で共存してほしいと考えているということである。この回答結果は、半世紀前の国と都の史跡指定合意の目的と、現在の市民の意識が一致していることを示しており、私たちは意を強くした。大半の人が、「こちらが正しくて、相手の意見は違うから戦って勝ち取る」という対立図式ではなく、桜並木も良い、しかしもともとがそれと雑木林を共に守ろうということから始まっているのだから、そのまま共存させた方が良いと考えているということである。私は、そこに精神の健全さを感じ、そういう姿勢で玉川上水の自然を残すべきだと改めて思った。なお「文化財保存を優先すべき」とした回答は一つだけしかなかったため、グラフでは0％と表記されているがゼロではなかった。

Q6 玉川上水小金井市区間は「名勝・小金井桜」を復活させるために、サクラ以外の樹木はほぼすべて伐採されました。その結果、多様な樹木を基本とする雑木林の生物多様性は失われています。名勝小金井桜の指定区域の管理は、下記のどれが良いと思いますか？

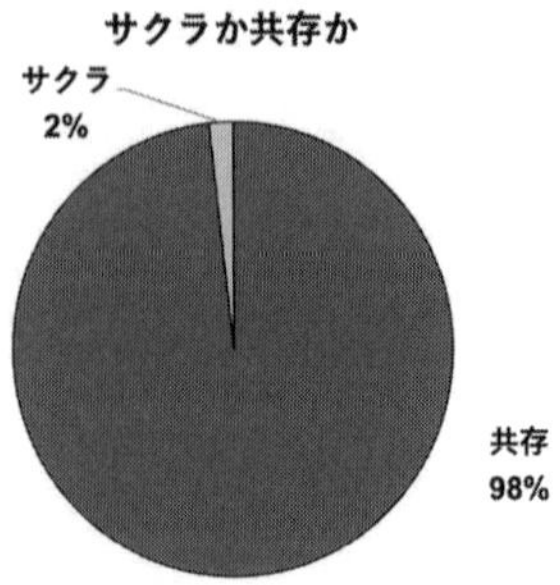

小金井桜指定区域の管理についての回答分布

これには圧倒的多数が共存だと回答した（上図）。

この質問は前置きとして生物多様性が失われていることを書いたので、共存という答えに誘導的であったことは否定できない。私たちはできるだけ中立な設問を心がけたの

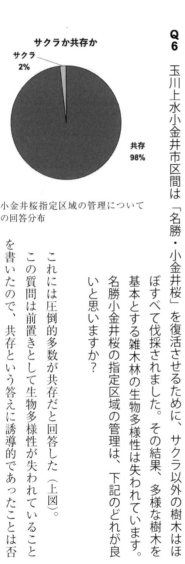

だが、実際にアンケートを作ってみて、アンケートというものは無色透明ではあり得ないと思った。意図的に誘導するのではなくても、「多様性は失われた」と書けば、それが事実であっても設問者が批判的であることは回答者に伝わる。それはやむを得ないことだと思う。それにしても98％の回答が「共存が良い」と回答したことは注目したい。

自由記述

選択肢を提示したアンケートから、回答者は玉川上水の自然をバランス良く守って欲しいと考えていることが十分にわかり、私達も心強く感じ、勇気づけられた。そのこともうれしかったが、自由記述の欄に書かれた多くの文章に心を打つものがあった。それを内容別に紹介したい。

玉川上水の保存

はじめに玉川上水をよい形で残して欲しいという内容があった。

――以前、玉川上水の近くに住んでいて、よく散策しました。子々孫々に渡り自然豊かな玉川上水を保全することが、今の世代の大事な役割だと思います。一度失うと、簡単には復活できません。ぜひ大事にしなければいけないと思います。

――小平市では春夏秋冬、早朝から夕方まで何という多くの方が玉川上水を歩いているでしょうか。常時これほど多くの方が歩く緑道を知りません。小平市長期総合計画市民アンケートによれば、小平に住み続ける理由は「自然環境が良い」が59・6％を占めており、他の項目を圧倒しています。玉川上水を筆頭とする小平の自然環境を大切に守っていきたいと思います。

――玉川上水の最大の魅力は四季の美しさを感じられることです。春は野草の花が咲き、夏はさまざまな昆虫を見ることができます。また木陰で涼をとることができます。秋にはさまざまな広葉樹が黄や赤、橙に色づき、さながら紅葉の響宴をかなでているようです。これらの魅力を維持するには保全作業が欠かせないでしょう。

――さまざまな木々や動物が生息する玉川上水に日々癒されています。都会の中にある貴重な自然がいつまでも保全されることを希望します。

――玉川上水の緑地は私達住民にとってなくてはならないとても大切な自然です。この玉川上水の美しい景色がいつまでもこのままの状態で残ることを願っております。

生物多様性

次に生物多様性の重要性を書いた記述を紹介する。

——サクラの木だけでは鳥も虫もカタツムリもは虫類もキノコも生き残るための生活を営むことができないと思います。この自然の輪の中に私達人間も含まれていることを忘れてはならないと思います。

——玉川上水に多様な植物、樹木があるおかげで私達人間、鳥、虫などあらゆる生き物が助けられています。はげ山のようになり、サクラの木だけが残された玉川上水の自然はさびいしものです。共存する社会、多様性、持続可能な生活のためにも玉川上水全体の自然を保護していただくことを願います。

——今ある恵まれた環境を維持する、開発と共に失われていく植物や生物を守る、そんなごく当たり前だと思っていたことが、研究者や町の方々が働き掛けをしなければ残せないのだと痛感しています。方向性の違う団体、自治体共議論をし合い、落とし所を見つけないといけないようですね。

――玉川上水を野鳥観察のために時々訪問しますが、季節に応じて多くの鳥たちが飛来しているのは、多様な植物の存在のおかげだと思っています。また、地域の方々がよく散策されているところをみると、町の中に残された貴重で気持ちの良い環境なのだと思います。さまざまな楽しみ方をしている人が多いと思うので、ぜひ多様な樹木を残して欲しいと思います。

――自然のままがよいという位置づけではなく、人の暮らしを共存する「里山」的な発想を持ち、人の暮らしと自然が共存する知恵を科学的に検証しながら玉川上水を管理していただきたいです。この玉川上水と井の頭公園の緑豊かな風景にひかれてこの地に家を購入したので、安易な樹木の伐採には反対です。「生物多様性」は、ＳＤＧｓの根本にある精神ですので、ぜひ大切にしてください。

――玉川上水の雑木林は武蔵野の自然を残していけるように、そして在来の動植物が生き残ることができる避難場所として機能していってほしいです。動植物が利用して生きていますし、上水・用水のある風景は小平の魅力の大きなものだと思います。

――東京の山から都心へ続く緑の道は玉川上水があることによってできおり、そこを鳥が通ったり、種が渡ったりしてきているのだと思います。その結果、生物多様性が生まれ、豊かな自然が玉川上水沿いにあると思います。自然を感じることで、人間が人間らしく、心を動かせることができます。自然がなく、文化財保護だけでは、空虚な廃墟を眺めているのと同じです。人が人らしくいられるために自然を守って欲しいです。

伐採について

自由記述の中で、最も多く、また力を込めて書かれたのは樹木の伐採についてであった。少し多めだが紹介したい。

――玉川上水の林のそばに住みたいと思い、緑道に面した家を買いました。近隣の方々も緑深いこの環境が好きで移り住んで来た方ばかりですし、緑の木陰の土の道は本当に貴重なので、朝早くから夜暗くなるまで、たくさんの方々がお散歩やランニングをされています。近くの幼児教育施設や放課後等デイサービスの子どもたちも毎週お散歩しています。無残な伐採箇所を見て、管理の現状に危機感を抱きます。今のままの自然で多様な姿の林を守るように管理して欲しいと思います。

――玉川上水沿いに暮らして10年経ちますが、越してきた頃に比べてどんどん樹木が伐採されていて寂しい限りです。特にサクラ以外の樹木が好きだったので残念でなりません。井の頭公園とつながる生物の棲家としての自然が失われるのは非常に残念なので、中止をお願いしたいです。

――玉川上水は人が作った水路だと理解しています。今や貴重な自然環境を形成する場となっており「サクラのために」という名目で皆伐されたことには大きなショックを受けました。

――玉川上水前に50数年住んでいますが、現在の玉川上水の景色は変わってしまいました。高い木は全部切られ殺風景な草だけです。以前はケヤキ、クルミの木、ワラビいろいろな草木が多く、ホタルもいたそうです。日陰はなくなり散歩の方々には気の毒に思います。武蔵野市、小平市方面に行くとほっとします。景色がまったく違いうらやましく思います。残念で悲しいです。

――何年か前、都と小金井市長と住民との説明会に出ました。東京都は上水の崖または石組みが大木で壊れるから伐採すると言いました。昔のように花見ができるようにと言いますが、今車の通行が多いところでのんびり花見なんてできません。小金井公園があるじゃないですか、大きくなったケヤキは枝などを整理して下草を刈る等手入れをすれば切る必要はなかったはずです。今もってケヤキによって上水が崩れたとは聞いていません。ほかの市は都に反対して、樹木を切らず立派に見ても気持ちよい森になっています。

――玉川上水の目の前に住んでいますが、多くの木々が伐採されて殺風景になりとても残念です。台風などでサクラ以外の木々が倒れているなどの理由があったために伐採したようですが、大きな台風の後に倒れていたのはサクラの古木ばかりでした。玉川上水のサクラ並木で多くの人が四季の移ろいを楽しんできたと思います。以前はサクラ以外の木々もあり、季節の移ろいをよりダイナミックに感じることができましたが、いま、そういう風情も半減してしまったように感じます。

――玉川上水沿いに住んで40年近くになります。現在住んでいるところより上流の方に20年近く住んでいましたがそのあたりは武蔵野の雑木林で、樹下に山野草が共生していました。現在住んでいる場所は5、6年前までニリンソウ、キンラン、ギンランも見られる優しい風景でした。サクラ中心の堤防になってからの雑草の盛り狂ったような繁茂は目を覆うばかりで、心が痛みます。もっとバランスの取れた自然環境の育成を望みます。

――2、3年前のある日、上水べりの景色があまりにも変わったので驚きました。そしてみるみるうちに緑地が消えていったのでした。いつも心を癒してくれたみどりの木々、排気ガスから私たちを守ってくれた緑地。壊すこと（木の伐採）はあっという間にできても、先人や自然が作り育ててくれた緑地ができ上がるのには百年単位の時間が必要です。どうぞ私たち人間や植物に大切な玉川上水を復活してください。小金井市長は途中で逃げてしまいました。今も非常に怒っています。

――サクラのために他の木々が伐採されてから、明らかに草の生え方が荒れている感じがする。以前は木々の影のあるおかげで草が生え過ぎず、バランスがとれていたと感じる。木が切られる前は、夏の日に雑木林の下を通るのが好きだったのに、木が少なくなり、もうそれができないのが残念。

――この地に越して37年になりますが、越す前は埼玉に住んでいました。知人が小金井の近くに住んでいて、車で埼玉まで送ってくれる時に玉川上水の隣の五日市街道を通りましたが、その時ずっと続く緑道に感動し、あこがれていました。しかし、あるとき、ケヤキや緑の木々が伐採され、心を痛めていました。これ以上の伐採は止めてください。

まとめ

このほかにもたくさんの自由記述があったのだが、ここには特に印象的なものを選んで紹介した。全体に感じるのはごく自然なこととして、玉川上水にはさまざまな木々があり、鳥や昆虫がいる豊かな自然があり、日陰を楽しむことができた。そういう林があったのに、それが突然伐採されてしまったことへの悲しさ、そしてその決定の仕方が民主的でなかったことへの憤りが文章に込められているということである。

行政も公共事業としてこれまで進めてきたことを継続しているのであろうが、計画が始まって10年が経過し完了した。その間、社会も変化し、市民の考えも、また玉川上水の意味も変化した。計画を民主的に進めるためには、つねに市民の意識を把握し、必要に応じて適応的に修正や見直しをするのは当然のことである。我々のアンケートに寄せられた意見からは、強引な伐採が多くの市民に失望と憤りを与えたことは疑う余地がない。ぜひ行政にはこのことを肝に銘じて新しい計画に反映していただきたい。そして市民と手を取り合って、次世代のために良い玉川上水を残してもらいたいと思う。

Gentiana zollingeri
フデリンドウ

第Ⅳ部

よりよい玉川上水のために

第13章　生物多様性の考え方

このところ、「多様性」という言葉をよく聞くようになった。それは人の生き方はさまざまであり、そのそれぞれを尊重しようという考え方である。それを言わなければならないということは、長い人類史の中でつねにそうではなかったということであろう。それと前後して「生物多様性」という言葉も聞くようになった。この言葉は「いろいろな生き物がいるのがよいことだ」「だから絶滅しそうな動植物は大切に守ってあげないといけない」ということで広く受け入れられているようだ。しかしこの言葉をきちんと学ぶ機会はさほどないので一般にはよく理解されていないところがある。そこで本章では生物多様性について具体例をあげながら説明したい。

動物も植物も

私は子どもの頃から生き物が好きで、そのまま生物学者になった。そして今でも研究を続けている。最も力を入れ、長い時間をかけたのはシカと植物の関係についての生態学的な研究だが、大学院生を指導するようになってからはツキノワグマ、ヒグマ、ニホンザルなどにも取り組んだし、留学生も引き受けたので、モウコガゼル、アジアゾウなども調べることになった。その後は学部生の研究指導をするようになって、タヌキ、テン、カヤネズミなども調べた。同時に森林の状態と花に訪れる昆虫とか、動物の糞を利用する糞虫《ふんちゅう》、死体を分解するシデムシの仲間なども調べた。私にはこの動物しか興味がないというものはないだけでなく、動物でも植物でも興味がある。正確にいうと、その関係に興味があるというのがふさわしい。

生物多様性とは

保全生態学は、人間の影響によって絶滅の危機にある生物を保護したり、逆に人の影響で増加しすぎた生物を抑制して良い状態に戻すことなどを研究し、社会の役に立つことを目指す学問である。その中では生物多様性を重視する。その考え方には「三つの多様性」があるとされる。その三つとは生態系、種、遺伝子である。こう言われてもすぐには理解しにくい。生態系というのはたとえば北海道の山地の森林とか、琵琶湖のように、生き物が一定の土地に暮らしているまとまりの単位のことである。種《しゅ》はカブトムシとかナデシコなどの生物の単位のことである。絶滅のことが問題とされるのはこの種《しゅ》のことで、日本ではニホンオオカミやカワウソなどが絶滅したし、トキやコウノトリも同様だが、大陸に生き延びた集団があったので、それを導入して「回復」させた。これらが絶滅すると種の多様性が乏しくなるという。遺伝的多様性とは同じ種の中にも遺伝的な変異があることをいう。たとえば同じニホンジカでも北海道の亜種エゾシカは体重が100キログラムにもなるが、屋久島の亜種ヤクシカでは50キログラムくらいしかない。それでも同じ種である。遺伝子が多様でなければ環境の変化などに対して脆弱になる。だから西表島にしかいないイリオモテヤマネコは当然遺伝的多様性が低く、絶滅の危険がある。

この三つの多様性の説明は、生物学的な個体レベル（種の多様性）とその上の生態系レベル、その下の遺伝子レベルという異なるレベルの多様性があるということに基づく正しいものではあるが、一般の人はこう説明されても、あまりピンとこない。というのは、ゾウガメがあと数個体しかいなくなって、それが死んでしまえば地球から永遠にいなくなる、かわいそうだからなんとか残れるようにしてあげよう、というのはよくわかるが、生態系の多様性と言われても実感が持ちにくいからである。このことについて誰にでもわかる事例で説明しよう。

わかりやすくするために、生態系という複雑なものを頭の片隅に置きながら、私自身が調べた訪花昆虫と種子散布の例を紹介しよう。

訪花昆虫

私はC・W・ニコルさんとシカについてのテレビ番組の取材でご一緒したことがある。ニコルさんはイギリスから来日して、日本の自然のすばらしさを知り、にもかかわらず森林が伐採されるのを見て保護運動をしていた。彼は長野県の黒姫に住み、そこの林が荒廃しているのを見て、それを買いとり、「アファンの森」と名付けて、よい林にする活動をしていた。私は縁あってこ

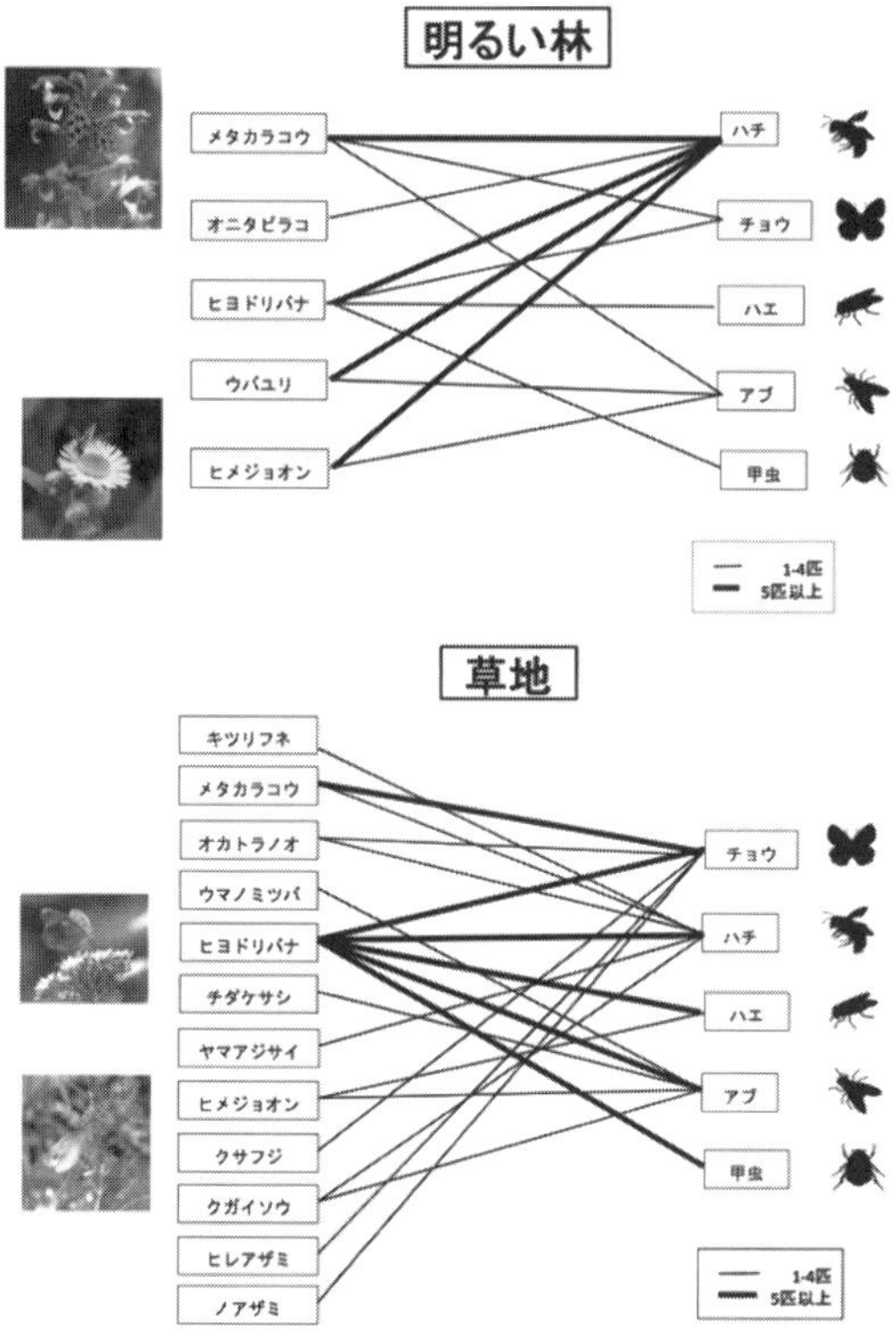

アファンの森の明るい林（左）と草地（右）での花と訪花昆虫のリンク（つながり）

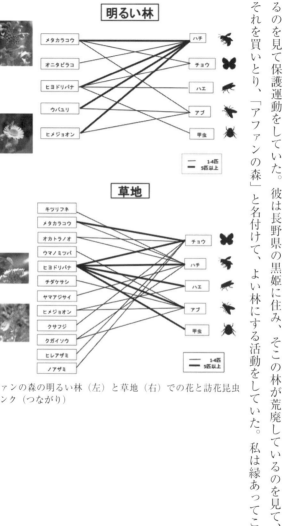

のアファンの森で調査をすることになった。アファンの森にはいろいろな植生があるので、そのうち明るい落葉広葉樹林と、それを伐採した草原のような場所と、暗いスギの人工林（植林された林を選んで）で訪花昆虫の調査をすることにした。

明るい林ではたとえば7月には5種の花にハチを代表とするさまざまな昆虫が来ていた（前ページ図）。草地ではそれ以上に多くの花が咲いており、明るくなって野草が花をつけたため、昆虫が多く集まったことがわかった。これに対して人工林では花は少しだけあったが、昆虫はまったく来ていなかった。

花に来る昆虫にも傾向があり、ミツバチグリのように皿のように開いた花にはハエやアブのような舐める形の口を持つ昆虫が多く来ていたが、ツリフネソウやトリカブトのような複雑な形をして花の奥に蜜があるような花にはおもに口を長く伸ばすことができるハチが来ていた。またクサギとかキク科のように筒形の花にはハチとストローのような細長い口を持つチョウがよく来ていた。

訪花昆虫は蜜を吸いに花に来るのだが、その時に体に花粉をつけるから、他の花に行った時に授粉する。つまり花は蜜をサービスする代わりに授粉をしてもらうわけである。このようないきものの繋がりのことを「リンク」と言う。これについては『野生動物と共存できるか』（高槻　2006）や『都会の自然の話を聴く』（高槻　2017）に説明した。

花と訪花昆虫はリンクの典型的な例だが、花に違いがあり、昆虫に違いがある結果、皿型の花にはハエなどが訪れ、筒型の花にはハチなどが訪れることになる。そのことが多様なリンクを生み出すことになる。もしある種の花しかなければそこに訪れる昆虫は限られ、蜜の取り合いが起きることだろう。多様なリンクがあることでそういう競争関係を避けることができる。私は、このことが生物多様性の考え方も最も重要な点の一つだと思う。

私たちはラベンダーだけの畑を見ると、「きれい」だと思うが、自然界にはそういう群落はない。特に日本のように地形が複雑で多様な環境では植物の種数がはなはだ多く、昆虫もしかりである。園芸的な感覚でいう「きれいさ」と生物多様性とは相入れない。そう思えば桜だけを愛でる花見というおこないは園芸的感覚であって、生物多様性とは異質なものだということに気づく。私の考えでは、それは伝統的な日本人の自然観とは違うものである。

生き物への敬意《レスペクト》

私は長いあいだ動物と植物の関係について調査をしてきたのだが、その過程で自然界における生き物の役割を知ると、見方が変わることを体験した。第14章で紹介する糞虫が好例だが、「糞に来るなんてなんて不潔」と鼻つまみにされる生き物が、自然界で重要な役割を果たしていることを知ったのはとてもありがたいことだった。そして、直接観察することで、植物を含めすべての生き物たちが一生懸命生きていることに感動する。そして「がんばってるなあ」と敬意に似た気持ちになる。

難しい生物学の理論を知らなくても、すべての生き物に重要な役割があって、要らないものなど何もないということに気づけば、それらは守らなければならないということが自然に理解される。私はそのことに気づくことができて、生物学者として生きてきたことを幸いだったと思う。

日本人の自然観

私は自然科学者としてそのような考えに至ったわけだが、実はこれは古代の日本人にとってはごく当たり前のことだったようだ。『万葉集に出会う』（大谷 2021）という本を読んでいたら、擬人化の議論の中で『日本書紀』に

「草木咸能《くさきことどとくよ》く言語《ものいうこと》有り」

という言葉があると書いてあった。これはおもしろいと思って『日本書紀』（小島ほか2007）を調べてみたら次のように書かれていた。

故、皇祖高皇産霊尊《たかみむすひのみこと》、特に憐愛を鐘《あつ》めて崇養したまふ。逆《つい》に皇孫天津彦彦火瓊瓊杵尊《あまつひこひこほのににぎのみこと》を立て

て、葦原中国《なかつくに》の王とせむと欲す。然れども彼の地に、多に蛍火なす光る神と蠅声なす邪神と有り。複《また》、草木咸能《くさきみなよ》く言語《ものいうこと》有り。

こちらでは「咸」を「ことごとく」ではなく「みな」と読んでいるが、意味に大差はない。登場人物名は簡略化するが、意味は「皇祖のタカムスビは（息子のアマツヒコを）深い愛情で育てた。そしてアマツヒコを立てて、葦原中国《なかつくに》の王にしたいと思った。ところがそこはたくさんの蛍で明るく光る神とブンブンと蠅の音でうるさい悪い神がいた。それに草木もしゃべることができた」ということだと思う。

私はこれを読んで、「ああこれは日本だ」と思った。生物多様性の保全というと、オランウータンやアマミノクロウサギなどを守ることだと思いがちだが、それだけではない。

生物多様性を保全するということは、覚悟が要ることだ。少なくとも日本のような国では林に入ればヤブが茂り、歩くのも大変だし、私たちにとって厄介な蚊やハエもたくさんいる。生物多様性を守るということは、自分たちにとって魅力的な、同情すべき鳥や哺乳類だけを守ることだけではない。

日本書紀の描く葦原中国《なかつくに》にはホタルもハエもうじゃうじゃいるということで、これは大陸から来て日本を統治しようとしていた人たちにとってよほど印象的なことだったのではないだろうか。そして草も木もしゃべることができたというのも「さもありなん」と感じる。

私は1年ほどアメリカのコロラド州で暮らして帰国したとき、舗装道路の隙間に雑草が競い合うように生え、中には舗装道路の割れ目を持ち上げているものさえあって「ああ、この国は植物の極楽だ」と思った。大陸から来た人々にとって日本列島では植物がワサワサと生きていることが印象的だったものと想像される。渡来人は日本書紀が書かれた時は、すでに日本人になっていたはずだから、この記述は古代の日本人の感じ方ととらえてよいと思われる。この記述からは人も動物の植物も区別なく一緒に生きるという感じが伝わってくる。それどころか、山が恋をしたり、喧嘩をしたりするのも当然のように思っていたようだ。このことは古代日本人の自然のとらえ方として重要だと思う。そしてそれが最先端の保全生態学の理論とも相通じるものだと思うと、驚きも感じ、嬉しくも思う。

日本人はその後も季節に敏感であり、季節折々の景色を楽しみ、他の生き物の生き方にも共感するような感覚を持ってきた。「タデ食う虫もさまざま」とか「一寸の虫にも五分の魂」などの言葉は、虫などちっぽけな生き物だと見下すような雰囲気がありながらも、同時に愛おしげな気持ちが感じられる。人々は、これらウジャウジャいる生き物たちを「人間とは違う、理解できない奴ら」という冷ややかな視線はとらなかったように思える。

一つの貴重な種を保護するのではなく、土地にいる生きとしいけるものをトータルな存在として捉え、その状態をよしとする、それが生物多様性保全の根本の考え方だと思う。

生物多様性の考え方と玉川上水の管理計画との齟齬

この章では生物多様性について考えてきた。その上でこれまでの玉川上水の植生管理を考えると、それを動かしてきた計画に生物多様性の考え方が欠如していることに気づく。これらの計画に強い影響を与えてきたある研究者はこのように語っている。

私の研究室では、造園学を教えています。植木を積んだ「○○造園」という会社マークをつけた車が走っていますが、家を建てるとたいていの場合、庭を造ります。「建築というのは、いやな自然を排除する」というのが私の建築の定義です。寒い、暑い、風が吹く、雨が降る、雪が降るとか、暗いとかのいやな自然を排除して、快適な空間を作るということです（小平ユネスコ協会　２００７）。

これは私の半世紀にわたる研究生活で到達した考えと違うどころか、真っ向から対立するものである。私には「いやな自然」などないし、寒いのも、暑いのも、風が吹くのも、雨が降るのも、雪が降るのも、暗いのもいやでないどころか、大いにすばらしいと思う。それがなくなることには耐え難く、排除するなど思いもしない。このような考えは生物多様性の概念に反する。このような自然観の人が管理指針を主導した結果、玉川上水の一部で桜以外の雑木は皆伐すべしとして現状に至ったとすれば、まことに不幸なことであったと言わなければならない。

テイカカズラ

第14章　玉川上水の生物多様性とそれに基づく管理

前章で生物多様性の考え方の重要性を考えた。本章と次章ではわたしたちが調べた玉川上水の生物多様性について紹介し、それを踏まえて玉川上水の管理のあり方を考えてみたい。

玉川上水のタヌキと緑地の連続性

以前、学生と玉川上水とそこから少し離れた市街地に浮かぶ島のように孤立した公園にセンサーカメラを置いて、野生動物の撮影をしたことがある。そのうち、タヌキの結果を紹介したい。私はその頃、玉川上水の植生について理解が十分でなかった。それで全体としては西側の山に近く、都心から離れているところの方が動物が多く、東になるほど少ない「西高東低」を予測していた。

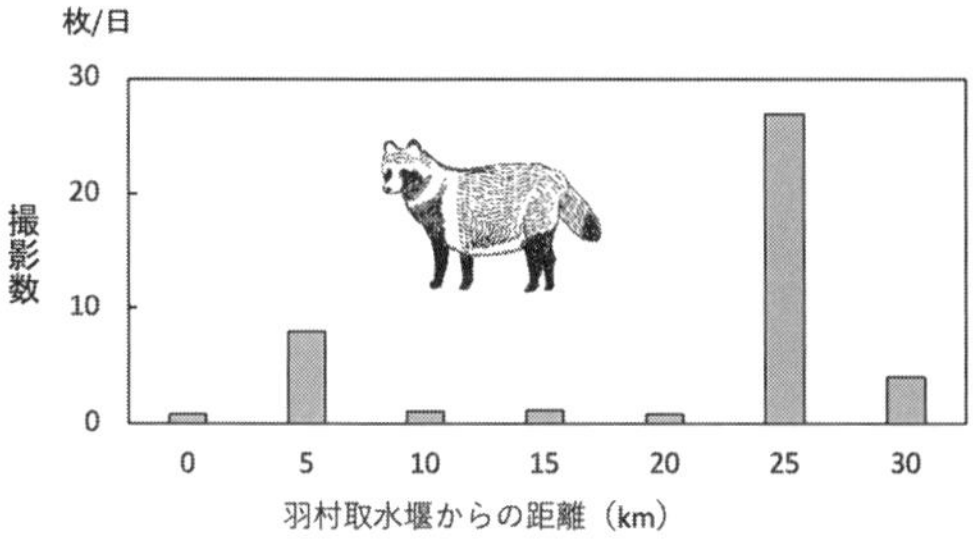

玉川上水の羽村取水堰からの場所ごとのタヌキ撮影率

ところがタヌキの結果は羽村の方は少なく、小平で多くなってまた少なくなり、井の頭で多いという結果だった（前ページ図）。

この結果を理解しようと、改めて玉川上水を眺めてみると、小平監視所よりも上流は水を利用するために下草の刈り取りが徹底しているためにヤブが少なく（左上写真）、小平監視所よりも下になるとアオキ、ネズミモチ、ムラサキシキブなどの低木が多いことがわかった。

タヌキは見通しのよい場所は嫌い、ヤブのある場所を好むため、下刈りされた上流や、桜しか

小平監視所より上流の立川市砂川の見影橋の景観。水流が多く、両岸の樹下はよく刈り取りされている。

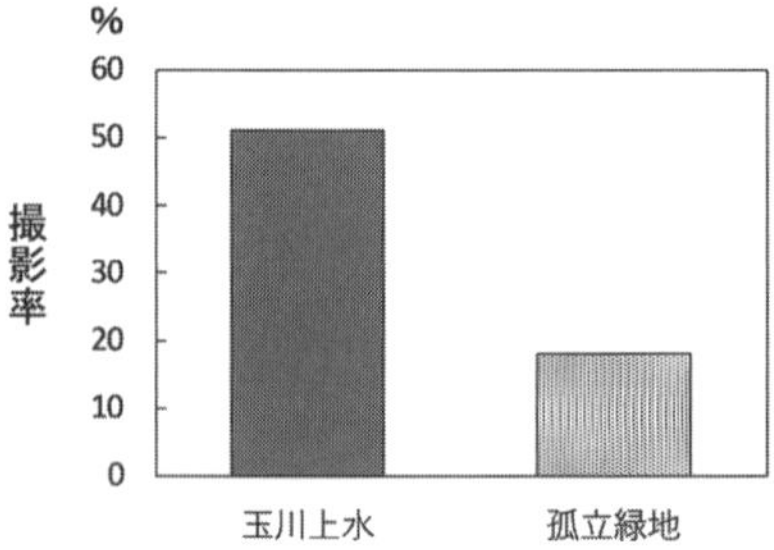

玉川上水と周辺の孤立緑地でのタヌキ撮影率（%）の比較

ない小金井などで少なく、ヤブが多い小平や井の頭公園で多かったのである。また、玉川上水と孤立した公園とを比べると、玉川上水の方が撮影率が高く、緑地は孤立しているよりも、連続している方がタヌキにとってはすみよいことを示唆していた（前ページ下図）。

玉川上水のうちでも小平の津田塾大学キャンパスのように玉川上水の林が連続して「膨らんだ」ようになっている場所がタヌキにとってすみやすいようで、これは井の頭でも同様である。

玉川上水を植物にとっての生育地だけではなく、タヌキの生息地として眺めると、玉川上水が連続していること、緑の幅が広いことが重要であることがわかった。

糞虫トラップ

糞虫がいる

私は長い間、宮城県の金華山という島でシカと植物の関係を研究してきた。そこにはオオセンチコガネという小さいきれいなコガネムシの仲間やエンマコガネという小さい糞虫がたくさんいる。また牧場に行くとウシの糞に糞虫がいるのを見ることがある。しかし玉川上水のような都市の緑地には糞虫はいないと思い込んでいた。そう思っていたところに玉川上水にタヌキがいることが確認できたので、「もしかしたら」と思って、糞虫トラップを置いてみた。糞虫トラップとは、直径10センチメートルほどの小さなバケツのような容器の上に割り箸を置き、中にイヌの糞を入れたティーバッグを吊るしたもので（前ページ写真）、容器の底に深さ1センチメートルほどの水を入れておくと、飛んできた糞虫が逃げることができないので確実に確保できる。

それを夕方置いて、翌朝見に行った。そうしたら、なんと数匹のエンマコガネが入っているではないか。しかも三つ置いたトラップにすべて入っていた。

「ああ、こんなところにも糞虫がいるんだ」

と驚いた。その後、玉川上水以外でも小平市やその周辺の街の小さな緑地で調べてみたが、どこにでもいることがわかった。

飼育してわかったことだが、糞虫は糞をあっという間に分解する。タヌキのため糞場の糞も、夏にはすぐに分解されてしまう。実際には玉川上水ではタヌキの糞はそれほど供給されるわけではないので、私はイヌの散歩をする人の中に、時々糞を片付けない人がいて、糞虫の「食物」が安定的に供給されているのだと察している。

いずれにしても、都市を流れる玉川上水にも、周りの小さな緑地にも糞虫がいることを知って驚くとともに、糞虫が糞を分解して養分を土に返すという物質循環に重要な働きをしていることを知った。

リンク（つながり）と役割

タヌキがいれば糞虫が来るが、これを糞虫を主体に見れば分解者としての働きをしているといえるが、同時にタヌキは糞虫に食物を供給する役割を果たしている。

タヌキのため糞から芽生えたムクノキの芽生え

私はタヌキの食べ物を調べるために糞を分析した。そうすると糞からムクノキやエノキの種子がたくさん出てきた。これによってタヌキの食べ物のことがわかった。

タヌキは栄養をとるために果実を食べるが、これを植物の側から見ると、タヌキに少し果肉を提供するが、それはタヌキへのサービスではなく、中に入っている種子を運んでもらうための「支払い」である。実際、ため糞からはたくさんのムクノキやエノキの芽生えが観察された（上写真）。つまりタヌキはこれらの樹木の種子を散布するという役割を担っているということだ。ここで紹介したことは、前著『都会の自然の話を聴く』（彩流社　高槻　2017）に詳しく書いた。

本章では、東京の市街地を貫く、というより辛うじてつながっている緑の帯である玉川上水の、そのささやかとも言える緑地に思いがけずさまざまな生き物がいてつながって生きていることを紹介した。

玉川上水の樹林と鳥類

タヌキを中心としたリンクの重要性に次いで、玉川上水の樹林と鳥類の関係について紹介したい。

私自身は鳥のことは普通の人くらいしか知らないので、正確な調査はできないが、「玉川上水みどりといきもの会議」のメンバーには鳥類調査のベテランがいるし、メンバーではないが鳥に詳しい人もいるので協力してもらうことにした。

鳥類を調べること

樹木の状態はそこに住む動物や下生えの野草に大きな影響を与えることは容易に想像できる。さまざまな動物の中でも鳥類はよく目立つし、種類も多いので、哺乳類などよりは調査がしやすい。その意味で鳥類を調べることは、その環境としての樹林の意味を象徴的に示すことができると考えた。

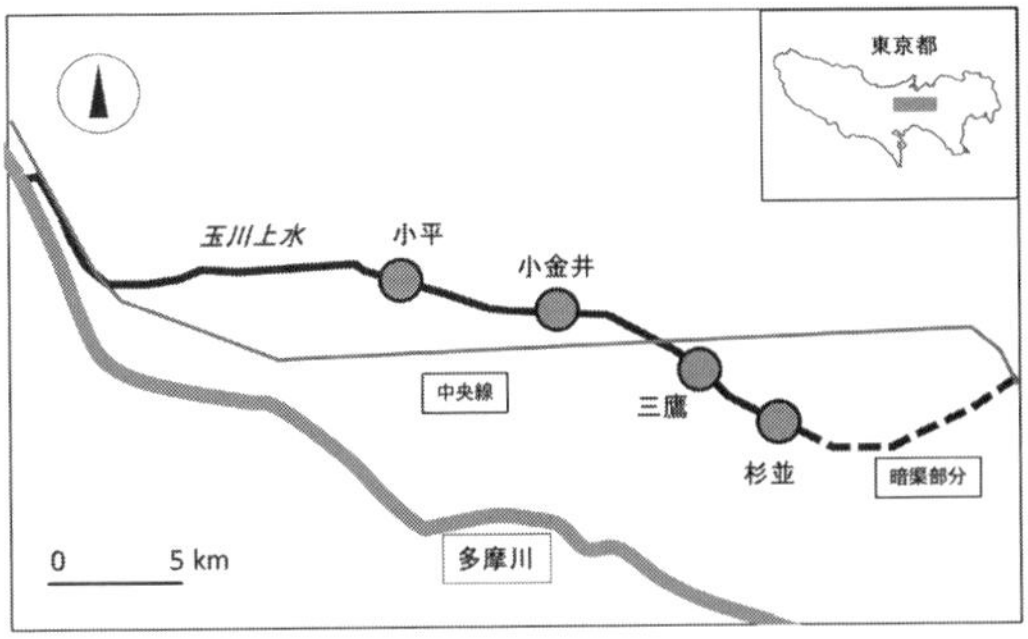

鳥類調査をした４カ所の位置図

都市の鳥類に注目した研究はかなり古くからあり、たとえば樋口（１９８５）は東京周辺の面積の違う51カ所の樹林で調査し、面積が狭くなると鳥類の種数が少なくなることを示した。その後、加藤（１９９６）は樹林の面積だけでなく、低木層が重要で低木層が豊富であれば鳥類の種類が多いことを示した。その後は、個別の緑地だけでなく、景観レベルでの環境と鳥類についての研究が進み、そのうち森本・加藤（２００５）は緑地をつなぐ「緑道」があることが鳥類群集を豊かにするとした。玉川上水は緑道そのものであるから、この指摘は重要だと思われる。

すでに見てきたように玉川上水の緑地といっても管理の仕方によってかなり違いがある。調査地に選んだ４カ所は植生管理が違う。その景観を口絵６に、またその植生を模式的に表した図を次ページに示した。

一番西で上流の小平は玉川上水全体でも樹林が豊かで幅も35メートルほどあり、しかも津田塾大学や小平市中央公園が隣接して広い樹林がある。私は小平に住んでいるので調査員になった

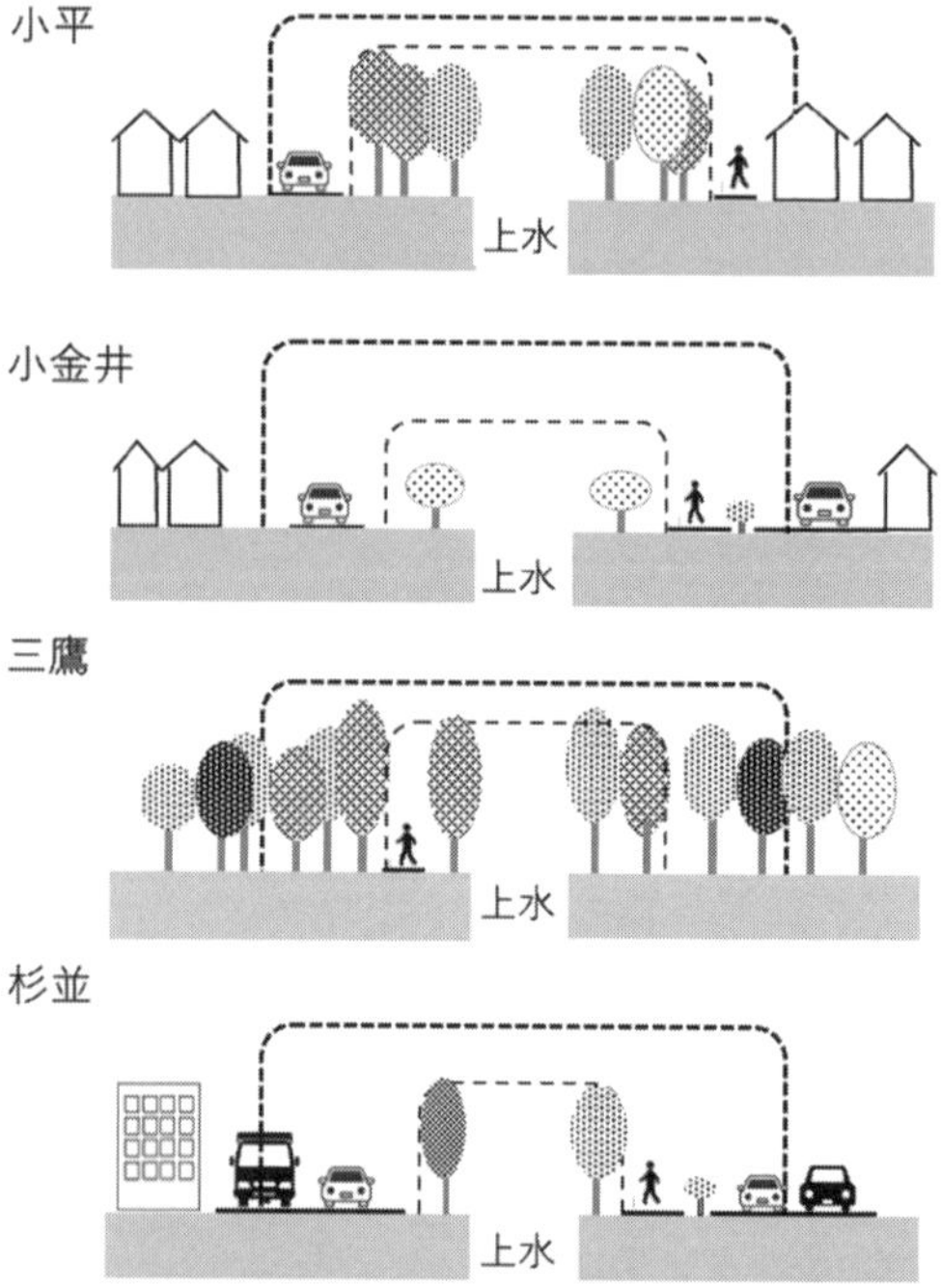

4カ所の調査地の状態を示す概念図。外側の太破線は調査範囲、内側の細破線は樹林帯。

が、鳥類のカウントはできないので鳥類に詳しい大出水《おおいでみず》幹男さんに参加してもらい、尾川直子さんに補足をしてもらって私は記録係をした。その東の小金井は対照的に伐採されてサクラしかなく、しかも木ごとに間隔が開いている。ここの調査は鳥類や植物に詳しい大石征夫さんにお願いした。その東の三鷹は井の頭公園があるので、玉川上水沿いだけでなく面的に樹林が広がっている。ただし井の頭公園よりも下流になると細い樹林帯となる。ここの調査はここで子どもの頃から野鳥観察をしてきたという鈴木浩克さんが担当で、菊池香帆さんが記録した。最も東の杉並は都心に近いから玉川上水の樹林は大きな道路に挟まれて幅が15メートルくらいしかない。ここは大塚恵子さんがカウントして田中操さん、黒木由里子さん、高橋健さんが補足と記録をした。

野鳥調査のようす

実際の調査

２０２１年の1月から調査を始め、各月に実施して、12月だけ追加調査をした（上写真）。調査日の朝7時前にそれぞれの調査地に集まり、7時から一斉に開始した。というのは、鳥は動くから調査時刻が違えば天候などの違いがあって数の違いが生じるかもしれないから、揃えた方がいいと考えたからである。時刻になってカウントを始めるのだが、私は目で見て数えるのだと思っていた。ところが大出水さんと尾川さんはその前に耳で声を聞いて「あ、シジュウカラ」などと言う。その後も、半分以上はまず鳴き声で特定し、双眼鏡で確認するという具合で、鳥の調査は耳でするのだということを知った。

玉川上水沿いの樹林の外にいた場合もルートの幅両側30メートルの中にいたものはカウントし、樹林内の鳥と区別した。

ある時は、玉川上水の中にカワセミを見つけて喜んだこともあるし、シジュウカラの雛《ひな》が孵ったばかりのようでまだ嘴が黄色く、その脇に親鳥がいてほのぼのとしたこともあった。大出水さんは毎日のようにこの辺りで鳥を見ているので「今日はあいつが鳴かないな」となじみのハシボソガラスがいるらしい。大出水さんがカラスを識別しているだけでなく、カラスの方も大出水さんを認識しているとのことだった。私はタヌキの調査で津田塾大学によく通っていたが、ある時驚いたことにフクロウの新鮮な死体を見つけた。その時、大出水さんは「ああ死にましたか」と言った。フクロウが鳴いているのを聞いていて、ある時から鳴かなくなったのを知っていたのだ。他の場所では聞いたことがなかったので、私が死体を見つけたタイミングから「あいつが死んだ」とわかったようだ。こういうベテランと調査をするのだから頼もしいが、私は頼りにしすぎて、いまだに声を聞いてたちどころに鳥の種類がわかるというレベルには程遠いままだ。

小平の場合は長さ1・6キロメートルをほぼ1時間をかけて歩いた。こうして7回の調査をし、その都度、そのデータをフォーマットに入力して4カ所の結果を比較した。

樹林調査

鳥類の結果を紹介する前に書いておきたいことがある。この調査のユニークさは鳥類だけでなく樹林の調査をしたことにある。というのも、調査の目的が、樹林管理が鳥類にどういう影響を及ぼすかであるから、樹林についてしっかりした情報が不可欠だと考えたからである。この調査は玉川上水沿いの樹林帯に長さ100メートルの調査区をとって、その中の樹木の太さを調べるというもので、合計18カ所の調査地をとった。これにはたくさんの方に協力していただいた。胸の高さの周囲を測定したり、崖が近くて危ない場合は塩ビパイプを加工した測定器で直径を測定して、そこから断面積を計算した。暑い日には汗だくになることもあったが、皆さんの協力でたくさんのデータがとれた。このほか、低木層の植被率（植物が覆っている面積の相対値）も測定した。また樹高は、ホームセンターで角度を測定する器具を手に入れて、水平距離と角度から樹高を出した。

樹林の状態

樹木ごとの断面積や樹高などは省略するが、ここでは多様度の結果を紹介したい。生態学では群集の特徴を表現するのに多様度指数（単位なし）という指標を用いることが多い。やや複雑なので興味ある人は調べてもらうこととし、考え方を説明しておく。生態学で多様であるということは、その群集を構成する生物の種類が多いことと、少数の種が独占するのではなく、いわば

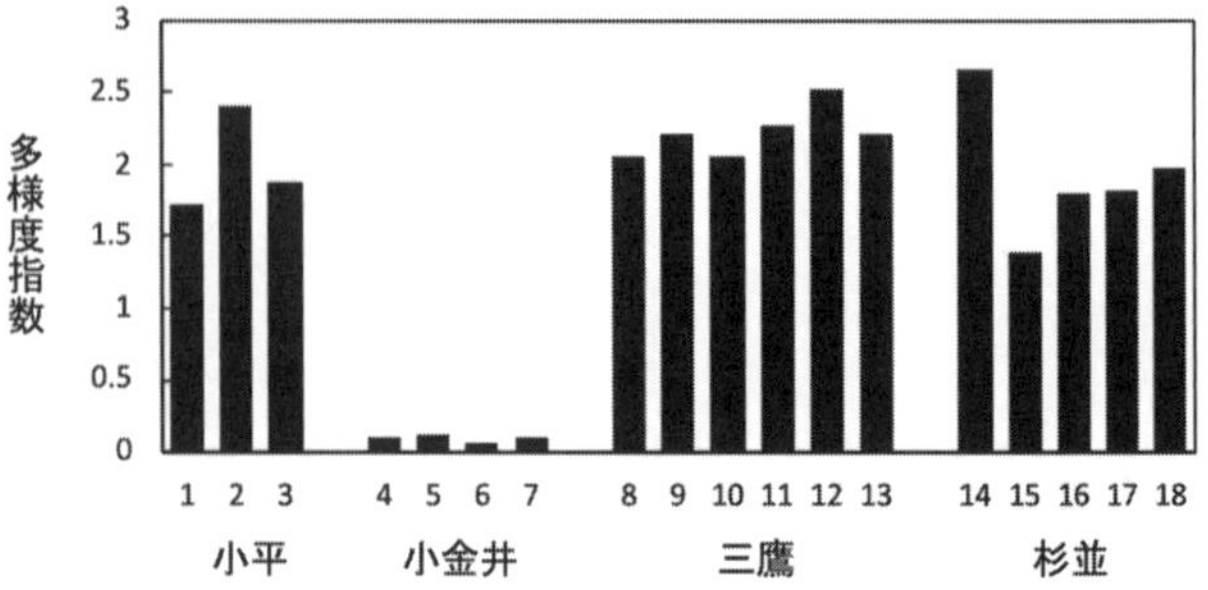

樹木調査区18カ所でのシャノン・ウィーナーの多様度指数(高槻ほか2023より)

ドングリの背比べのように同じような数で構成されていることをいう。逆に1、2種が独占的であるのを多様性が低いという。その多様度指数を計算して4カ所を比較すると、小金井だけが目立って小さい値をとることがわかる（上図）。これは当然で、ほぼサクラしかないのだからまさに独占状態で、これは多様度が低いと表現される。

鳥類調査でわかったこと

7回分の調査でのべ32種、2983羽の鳥類が記録された。その個体数を場所ごとに合計して、それを玉川上水沿いの樹林内と樹林外に分けて総数が多い場所から少ない場所に並べた（次ページ図）。これを見ると、小平で目立って樹林内の鳥類が多く、しかも樹林外が極端に少ないことがわかる。これは小平では樹林帯の幅が広く鳥類はそこで過ごしているが、樹林外では宅地になるので、鳥類はぐっと少ないからである。次に多かったのは三鷹で、少しながら樹林外の方が多かった。これは井の

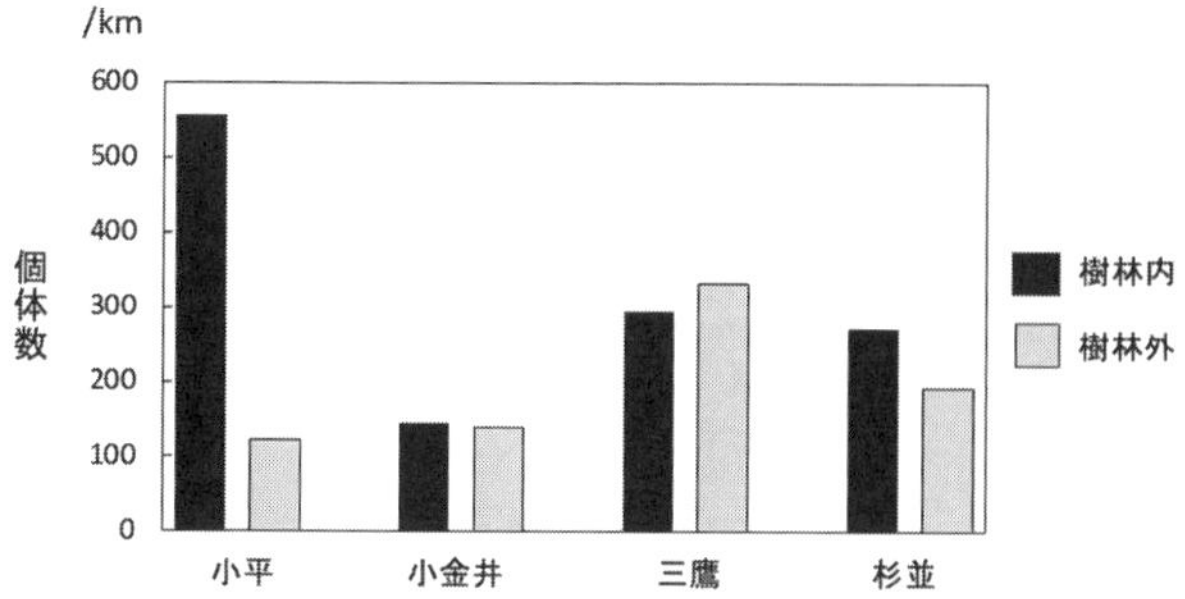

玉川上水沿いの樹林帯内外の鳥類の個体数（高槻ほか 2023 を改変）

頭公園があって、玉川上水沿いの樹林帯以外にも鳥類がいたためである。3番目は杉並で、樹林帯の方が多かった。もっとも少なかったのは小金井で、しかも樹林内外の違いがなかった。このように樹林帯の内外での野鳥の数はそれぞれの場所の樹林の状態をよく反映していた。

次に鳥類の内訳を比較してみたい。内訳というのは、一口に鳥類と言っても、ツバメとシジュウカラではいる場所が違うし、同じハトでもキジバトとドバトではやはり適した環境が違うから、樹林と鳥類の関係を理解するにはタイプ分けをするのが良いと考えた。そのタイプ分けのためには、それぞれの鳥がどういう環境を利用するかをリスト化したJAVIAN database（高川ほか 2011）が役立ちそうだった。「avian」とは鳥のことだからその前に日本（Japan）のJをつけて、「日本の鳥のデータベース」を表現したのだと思う。これにはその鳥がよく利用する環境が市街地、農耕地、草地・裸地、森林などに分けて示されている。そこでこれらを組み合わせて、以下の6タイプに分けることにした（口絵7）。

(1)樹林型＝環境利用がほぼ森林に限定的な種

(2)非都市型＝市街地以外を利用する種

(3)都市樹林型＝市街地の森林を利用する種。ワカケホンセイインコはJAVIAN Databaseにないが、このタイプとした。

(4)都市オープン型＝市街地の森林以外の環境を利用する種

(5)ジェネラリスト＝市街地、農耕地、草地・裸地、森林のほぼ全てを利用する種

(6)その他＝以上の類型に当てはまりにくい種で、具体的にはヤマガラ（夏は草地・裸地以外、冬は農耕地を利用）、オオタカ（冬はジェネラリストだが、夏は農耕地と森林を利用）、ツミ（冬は草地・裸地以外、夏は農耕地と森林を利用）である。これらはジェネラリストに近いが、典型的とはいえないタイプである。

なおカモ類、サギ類など水辺を利用する鳥類は発見が断片的であり、樹林との関係という調査目的とも直結しないので、タイプ分けからは除いた。

その結果を見ると、小平と三鷹では都市樹林型が半分ほどを占め、これにジェネラリスとが続いた（次ページの図）。都市樹林型の代表はシジュウカラであった。杉並では総数が少なくなり、

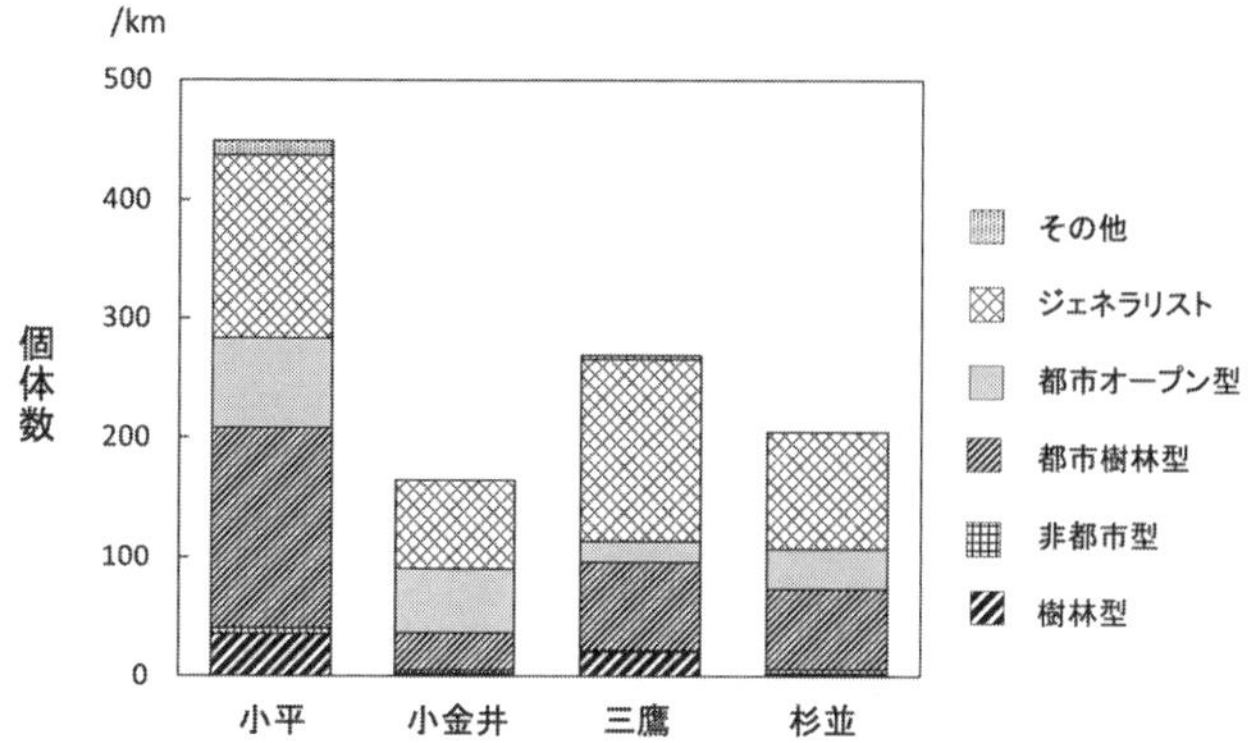

4カ所における鳥類のタイプ別個体数。タイプ分けについては本文参照（高槻ほか 2023 より）。

都市樹林型もジェネラリストとも少なくなったが、注目されたのは、都市オープン型はむしろ多くなったことである。都市オープン型で代表的なのはムクドリ、スズメ、ドバトなどなどである。また小平と三鷹には典型的な樹林に生息する樹林型（エナガ、アオゲラなど）がいたが、杉並ではほとんどいなくなった。鳥の数がもっとも少なかったのが小金井で、杉並と比べても大幅に少なく、小平や三鷹に比べれば半数以下しかいなかった。そしてジェネラリストも少ないが、都市樹林型は杉並の半数もいなかった。ここでも都市オープン型（ムクドリ、ワカケホンセイインコなど）は比較的多く、相対値としてはもっとも多かった。つまり樹林の状態がよい小平や三鷹に比べて、サクラだけしかない小金井では鳥類の数が半分以下になり、特に小平、三鷹で300羽ほどいた都市樹林型がわずか50羽と大幅に少なくなった一方、小平、三鷹で10％前後しか占めなかった都市オープン型は38%とむしろ多くなるという大変化が起きていたということである。

一言で言えば、豊かな樹林がある小平や三鷹にはさまざまな鳥類がいるが、樹林幅が狭い杉並では種類も数もかなり少なく、サクラしか残っていない小金井ではカラ類、アオゲラなど樹林の鳥が住めなくなったということである。

皮肉なことに小金井には小金井公園というサクラを含め樹木の豊富な広い公園があり、野鳥もたくさんいる。しかし五日市街道を挟んだ玉川上水にはその鳥たちはほとんど来ない。それだけ鳥にとって魅力のない場所だということである。このことは生物多様性という視点から見ればサクラだけを残すという樹林管理は好ましくないことを示している。

私はこの調査内容は価値があると考え、論文としてまとめて、思い切って山階鳥類研究所が発刊している『山階鳥類学雑誌』に投稿した。査読者からのコメントに対応しながら修正し、ついに受理されることになった（高槻ほか ２０２３）。論文が受理されることはいつでもうれしいことだが、この論文は文字通り市民科学としての成果であり、また私たちが価値あると考える玉川上水の生物の価値が、私たちの思いだけでなく、科学のベースで評価されたという意味で特別にうれしかった。市民として玉川上水の生き物を楽しむことも大切なことだが、生態学を学んだ者として、玉川上水の保全に役立てたことをうれしく思った。

鳥類の食料事情

考えてみれば、鳥にすれば小金井にはサクラの木がまばらにしか生えていないし、その下にヤブもない。落ち着いて休むことはできないし、餌となるのはサクラの果実だけで、その時期は良いかもしれないが1年の大半はまともな食物がない環境である。その点、樹種が多様で、樹林帯の幅があり、低木も多い小平や三鷹では鳥が休んだり、身を隠したり、営巣したりする多様な環境があり、春はサクラ、夏はミズキ、秋はムラサキシキブ、ネズミモチ、マユミなどさまざまな果実が次々と実り、一部のものは冬まで果実をつけている。私たちが「花ごよみ」でとっている結実のデータから主要なものを取り上げてみた（次ページ表）。

ここには草本、つる、低木、高木が含まれており、夏に少なくなるものの、つねに何らかの果実が実っていることがよくわかる。したがって、このような林に暮らす野鳥は1年を通して「旬の果実」を利用できる。

鳥類の生息地としての玉川上水

この調査でわかったのは、鳥類が生息地としての玉川上水の樹林の状態によっていかに大きな影響を受けるかということである。タヌキも同様であり、ここでは紹介しないが、訪花昆虫も同様である。サクラのために森林を伐採すれば、人が1年の1週間だけ楽しめるかもしれないが、玉川上水の主な果実の結実時期。上旬、中旬、下旬に分けてある。ヤマザクラだけを白丸（○）で示した。

果実	4月			5月			6月			7月			8月			9月			10月			11月			12月			1月			2月	
	上旬	中旬	下旬	上旬	中旬	下旬	上旬	中旬	下旬	上旬	中旬	下旬	上旬	中旬	下旬	上旬	中旬	下旬	上旬	中旬	下旬	上旬	中旬	下旬	上旬	中旬	下旬	上旬	中旬	下旬	上旬	中旬
ヒイラギナンテン	●	●	●	●	●	●	●	●	●																							
クサボケ	●	●	●	●	●																											
ウグイスカグラ			●	●	●																											
ヤマザクラ				○	○	○	○																									
カジイチゴ				●	●	●	●																									
クワ（ヤマグワ）					●	●	●	●	●	●																						
イヌザクラ						●	●	●	●	●	●	●																				
ニワトコ						●	●	●	●																							
ヒメコウゾ						●	●	●	●	●																						
ナワシロイチゴ								●	●	●																						
エノキ											●	●	●	●	●	●	●	●	●	●	●	●	●	●	●	●	●					
ゴンズイ													●	●	●	●	●	●	●	●	●	●	●	●	●	●	●	●	●			
ヤブミョウガ														●	●	●	●	●	●	●	●	●	●	●	●	●	●	●				
アオツヅラフジ															●	●	●	●	●	●	●	●	●	●	●	●	●					
エビヅル																●	●	●	●	●	●	●	●	●	●	●	●					
サンショウ																	●	●	●	●	●	●										
イイギリ																	●	●	●	●	●	●	●	●	●							
クサギ																	●	●	●	●	●	●	●	●	●							
ガマズミ																	●	●	●	●	●	●	●	●	●	●	●					
ツリバナ																		●	●	●	●	●										
ムクノキ																		●	●	●	●	●	●	●	●							
シロダモ																		●	●	●	●	●	●	●	●	●						
タチシオデ																		●	●	●	●	●	●	●	●	●	●					
サワフタギ																		●	●	●	●	●	●	●	●	●	●					
モチノキ																		●	●	●	●	●	●	●	●	●	●					
ヒヨドリジョウゴ																		●	●	●	●	●	●	●	●	●	●	●				
カラスウリ																		●	●	●	●	●	●	●	●	●	●	●	●	●		
ノイバラ																		●	●	●	●	●	●	●	●	●	●	●	●	●	●	
ヘクソカズラ																		●	●	●	●	●	●	●	●	●	●	●	●	●	●	
ナンテン																			●	●	●	●	●	●	●	●	●	●				
サネカヅラ																				●	●	●	●	●	●	●	●					
アカネ																					●	●	●	●	●							
シオデ																					●	●	●	●	●							
ノブドウ																					●	●	●	●	●	●						
ピラカンサ																					●	●	●	●	●	●	●					
ヤブラン																					●	●	●	●	●	●	●					
ムラサキシキブ																					●	●	●	●	●	●	●	●				
ツルウメモドキ																					●	●	●	●	●	●	●	●	●	●		
カマツカ																						●	●	●	●	●						
マンリョウ																						●	●	●	●	●	●					
スイカズラ																						●	●	●	●	●	●	●				
マユミ																						●	●	●	●	●	●	●	●			
イヌツゲ																							●	●	●	●	●					
ヨウシュヤマゴボウ																							●	●	●	●	●					
クコ																							●	●	●	●	●	●				
トウネズミモチ																							●	●	●	●	●	●	●			
センダン																								●	●	●	●					
ヒサカキ																								●	●	●	●					
ネズミモチ																									●	●	●	●				
シュロ																									●	●	●	●	●	●	●	●

多くの植物が失われるばかりでなく、そこに暮らす動物が生活できなくなり、生き物のリンク（つながり）が失われるのである。それを嘆く市民が多いのは、第12章のアンケートに紹介した通りである。

もう一つ重要なことは、森本・加藤（２００５）が指摘したように緑地が「緑道」で結ばれることが鳥類群集を豊かにするということである。玉川上水は文字通り緑道であり、その意味も半世紀前の畑や雑木林が残っていた時代とは大きく違うものとなった。高度成長期の１９６０年代以降、緑地はどんどんなくなり、玉川上水がいわば灰色な面の中に続く細い緑の帯であり、かつての雑木林にいた動植物のレフュージア（避難所）になっている。現在の東京都に30キロメートルの「緑道」があることは奇跡のようなことといえよう。

小金井桜のために他の樹木が皆伐されたということは、その「緑道」が1・6キロメートルほど途切れたということである。今の私たちはこの距離が鳥類にとってどれほどの意味があるかはわからない。もしかしたらこの程度ならひとっ飛びできて、さほど深刻ではないのかもしれない。しかし樹林に生活する昆虫やタヌキなどにとってこの樹林断続空間のもつ意味は小さくないはずだ。この緑道が1・6キロメートル途切れたことは痛恨のことではあるが、桜並木という文化財のためにやむを得ないというのが小金井市の考えである。だが、これをさらに拡大することだけはしてはいけないことだと思う。

渡り鳥の中継地としての玉川上水

鳥に詳しい仲間との共同調査により、その目的である玉川上水の樹林と鳥類の関係を示すことができた。鳥に詳しい人たちの「詳しさ」には驚かされたが、中でも井の頭自然の会代表の鈴木浩克さんは筋金入りで、小学生のころから井の頭公園で野鳥観察をはじめ、今も忙しい中を鳥の鳴き声の録音をして研究を続けている。

以下は鈴木さんに教えてもらった鳥の話である。共同調査は各月の1時間余りの調査で、それに基づいて個体数や種類を捉えて場所や季節の比較をしたのだが、それでは捉えられない情報もある。

一口に鳥といっても、カラスのように1年中いる「留鳥《りゅうちょう》」もいれば、ウグイスやルリビタキのように季節によって山と里とを行き来する「漂鳥」、そして遠い外国まで移動する「渡り鳥」もいる。私たちの調査でも一部には渡り鳥が記録されたが、鳥に詳しい人たちの情報の精度とは比較にならない。

ミゾゴイという東京都で絶滅危惧ⅠA類に指定されている珍しいサギの仲間がいる（口絵8）。冬はフィリピンや台湾で越冬し、夏に日本で繁殖するが、東京では奥多摩地域の森の沢沿いで営巣するという。日本だけが繁殖地のこの鳥は年々減少して、このままいくと絶滅の可能性もあるとのことだ。玉川上水では井の頭公園の玉川上水沿いで数年に一度観察されるという。これは玉川上水に林があり、かつ水辺があるためで、ミゾゴイが玉川上水を渡りのルートの一部として利用している可能性が高いということだ。

それから代表的な夏鳥としてオオルリとキビタキが挙げられる（口絵8）。私も夏山で見て、美しい鳴き声をすばらしいと感じる。日本には5月のゴールデンウィークの頃に渡ってくる。オオルリは梢でさえずったり、昆虫を捕まえたりするので高いところで見ることが多いが、玉川上水では内部の低いところに入ってくることもあり、鈴木さんはそこを撮影したそうだ。玉川上水にはいるが、周りの住宅地などにはいないらしい。山で繁殖するので、玉川上水やまとまった面積の緑地を渡りの中継地として利用するとのことで、その役割は重要だと思われる。

またアオバズクという中型のフクロウの仲間がいる（口絵8）。名前は青葉の季節に渡ってくるフクロウ（ミミズクもそうだがフクロウをズクというようだ）ということらしい。フクロウはネズミを食べるが、アオバズクは昆虫を食べ、里山では身近なフクロウで、井の頭公園の玉川上水沿いで毎年記録されているという。以前は井の頭あたりでも神社などで繁殖した記録はあるようだが、最近は少なくなって東京では絶滅危惧ⅠB類に指定されており、玉川上水には通過するときに立ち寄るだけのようだ。私は残念ながら見たことはないのだが、図鑑などでみた黄色に真っ黒な真ん丸い目が印象的だ。

このほかの渡り鳥として、毎年記録されている夏鳥には、ヤブサメ、センダイムシクイ、クロッグミ、アカハラ、マミチャジナイ、コルリ、サンショウクイ、コサメビタキ、サンコウチョウ、エゾムシクイ、オオムシクイ、ホトトギスなどがいる。それから、秋の渡りで毎年記録される旅鳥としてエゾビタキ、また時々記録される希少な夏鳥として、ヨタカ、ブッポウソウなどがいる。

鈴木さんが仲間とともに積み上げたこうした情報からも、玉川上水は都市に住む鳥類の安定的な生息地であるだけでなく、希少種を含む渡り鳥の中継地にもなっていることがわかる。

鳥類の調査と玉川上水の価値

こうした調査を通じて、玉川上水が鳥類にとっても非常に重要な環境を提供していることが確認できた。そして、そうであるからこそ、その状態を適切に維持管理しなければならないことが説得力を持って示された。しかも、私たちがそう思うからというだけでなく、鳥類学、生態学の専門家が優れた調査であると評価して論文として受理されたのだ。

私は本書の前半で花マップネットワークの活動として調べた野草のことを書いた。東京西部の武蔵野と呼ばれた地域には雑木林がたくさんあったが、1960年代から1970年代にかけて失われ、野草が玉川上水に逃げ込むように生き延びていること、一方で明るい場所でススキ群落に生える野草があって玉川上水全体の多様性が高まっていることも説明した。そうした緑地がつながっていることが玉川上水の最大の特徴であり、価値でもあろう。そしてコロナ禍以降は、この自然を楽しむ人々が増えた。市民にとっては玉川上水の価値は十年ほど前とは大きく変化している。それは、その自然が見直されているということかもしれないし、多くの人がその価値に気づいたということかもしれない。

本書の後半では伐採に伴う諸問題を取り上げたが、それはこのままでは玉川上水をよい形で次世代に引き継げないのではないかという危機感によるものであった。そのために野草観察活動の枠を越えて玉川上水の保全に取り組まなければいけないという気持ちが強くなり、それを志向した「玉川上水みどりといきもの会議」を立ち上げた。その時、ロゴは茶と青と緑のふわりとした丸を並べたものにした（カバー後ろそで）。

この3色はもちろん土と水と植物を象徴している。緑は自然を象徴し、動物も含んでいる。「玉川上水みどりといきもの会議」のメンバーは、花マップとの流れで動植物に関心が強い人が多いので、調査は動植物に関するものである。その意味では茶と緑は満たしているが、青は弱いと言わなければならない。しかしそれは単に現状の我々の力不足によるものであるに過ぎない。そうではあるが、ロゴに込めた思いは玉川上水の価値はこの三者がつながりあって存在していることにある。つまり志は大きく、将来は水のことに詳しい人も仲間になって玉川上水の保全のために尽力してくれて、このロゴのように玉川上水がバランスよく守られると信じている。

本章では鳥類調査の内容を紹介したが、前半の野草の調査を含め、客観的な調査によって玉川上水の価値を示したことは有意義だったと思う。そして、そのことが多くの市民の協力によって示されたことを私は誇らしく思う。私には、科学的な調査に基づく情報は必ず保全に役立つという確信がある。この活動が同じように良い自然を残したいと考えて活動している全国の多くの有志を勇気付けることになればうれしいことだ。

玉川上水は都市緑地

私が東京に来て感じたことの一つは、都会人の「自然保護」は絶滅動物の保護、原生林の伐採反対といった、いわば自然保護概念の原点にある概念をそのまま都市緑地にも当てはめようとする傾向があるということだった。絶滅動物や原生林の保護は、理念としてまちがっていないが、自然には原生的なもの以外にもさまざまなものがあり、とくに日本の場合、圧倒的大部分の自然は多かれ少なかれ人の手がかかった「半自然」とでも呼ぶべきものである。里山の自然しかり、都市の自然しかりである。

そのように人手をかけて維持されてきた半自然は、むしろ手を付けないと維持できない。たとえば「茅場」と呼ばれるススキ原は、刈り取りをすることで維持されてきたので、茅葺き屋根がなくなり、家畜の飼育をしなくなった今、無用の長物となってしまって、それこそ絶滅の危機にある。文部省唱歌の「故郷」に歌われたウサギは茅場がなくなっていなくなった。私はこのことを『唱歌「ふるさと」の生態学』（高槻　２０１４）に書いた。都市の緑地は生産活動の場ではないが、やはり住民の安全を考えて適切に管理されなければならない。そのような自然に対して、いわば原理主義のように原生林保護と同じ概念を適用しようとすると矛盾が生じる。都市緑地の保全で難しい問題が生じるのは、たいていこの「人は手をつけるべきでない」という都市住民の要求が空まわりすることに由来する。

玉川上水は通常の都市緑地である公園などとは明らかに違う。第一に３６０年以上も前の江戸時代に作られた水路であり、歴史遺産であるということである。もう一つは、戦後まで玉川上水の周辺の多くが畑や雑木林の多い場所であったのに、１９６０年代を境に東京の人口増加により、市街地化が進んだということである。そのために玉川上水は「東京のオアシス」と位置付けられ、その保護が重視された。同時に東京の水道システムが改善され、上水としての機能が大幅に失われた結果、小平以下の玉川上水が空堀になり、その後１９８０年代に「清流復活」をした。そして現在は上水機能がある小平より上流とその下流を含めて、住民が緑を見たり、木陰を歩いたりする緑の空間という機能が大きくなっている。

そういう玉川上水であるから、自然保護の原理を持ち出すことなく、保全の概念で、歴史遺産でもある緑地を適切に管理することを前提にする必要がある。

異なる管理があることは問題ではない

私たちは「花マップ」の記録をとる活動を通じて、同じ玉川上水でも場所ごとに違う環境があり、異なる植生があることを学んだ。羽村や福生、昭島などの上流は、水は豊かだが、両側の緑地は意外に貧弱で緑の幅が広く、立川になると、ある程度樹木は多くなるが、水が滔々と流れる上水の両岸は石垣やコンクリート壁であることが多く、植物もよく刈り取られて植物量は少ない（178ページ上写真）。小平監視所よりも下流になると、緑の幅が30メートルもある広いものになり、雑木林の面影がある植生になる（口絵6A）。これが小平市の東部まで続くが、小金井になると林がなくなり、サクラがまばらに生えているだけになる（口絵6B）。小金井よりも下流は緑の幅は狭くなり、片側を交通量の多い道路が走っていることが多くなる。そして三鷹駅で地下に潜り、再び開渠《かいきょ》となって井の頭に達する。ここは井の頭公園として広い緑地があるので、玉川上水はその一部となる（口絵6C）。井の頭公園をすぎると片側には家屋が接近するような場所が多くなるが、東京としてはのどかな雰囲気を残す緑地として続く。杉並に至ると道路も車線数が増えて玉川上水の緑にとって環境は厳しそうだが、道路との間に緑地帯を作るなど、手をかけた都市緑地という感じが強くなる（口絵6D）。そして浅間《せんげん》橋で暗渠となる。

このように、玉川上水の植生の状態もさまざまだから、必然的に管理も違って然るべきである。井の頭や小平市の林は維持することに力を入れるべきで、伐採は危険木に限定し、剪定を基本とすべきである。橋があると林冠が途切れるから、そのような場所にはクズ、センニンソウなどのつる植物が多くなり、伐採されると、ノカンゾウやツリガネニンジン、シラヤマギクなど草原的な植物が増える（左写真）。そのような場所は所々にある。小金井の桜ゾーンはその極端な例と見ることができ、刈り取り頻度を抑制した場所にはワレモコウやアキカラマツなどが豊富に見られるが、セイタカアワダチソウなどの外来種の侵入も見られる。

私は第9章で小金井市の「玉川上水・小金井桜整備活用計画」（2010）を辛口に評価した。それは、植物生態学的に見たとき、まばらに植えたサクラと「たまゆら草」の共存が不可能だからである。しかし、サクラとサクラの間に草原的な群落がある状態を管理することは可能であり、望ましいことでもある。そこには計画にあるようなニリンソウなどの林床植物は期待できないが、明るい場所に生える美しい野草が豊富に咲くことが期待できる。

草原の野草

このように見てくると、林床に「たまゆら草」が残っている武蔵野の雑木林のような林と、樹木は少なくて草原的な植生との両方があることが玉川上水の生物多様性を高めていることがわかる。こういう見方を「景観生態学的」な視点という。これは個別の群落の保全をいうだけでなく、複数の群落の配置の仕方などを重視する見方である。

その上で、これからの玉川上水に必要なのは、全体としては東京都という巨大都市にあってこれまで残されてきた緑地としての玉川上水を、全体としては守るという点を重視しながら、部分的には伐採、剪定を含む管理的な扱いがあるという形を採用することである。その意味では、小金井の桜は現状の極端な皆伐を緩和し、またこのゾーンのような桜だけを優先する管理は他地域に拡大しないことが必要となる。

歴史遺産であるとともに市民が楽しむ緑地でもある

2007年に東京都水道局が出した「史跡玉川上水保存管理計画書」は、玉川上水の価値を歴史的遺産と名勝小金井（サクラ）の2点に特化した。これを踏まえて出された2009年の「史跡玉川上水整備活用計画書」ではさらに小金井の桜に特化し、その中で要素としては、桜の他に「水と緑」、「緑の環境」があるとしているが、実質的には添え物の扱いに止《とど》まり、具体的なことは書いてない。要するに東京都としては、玉川上水の管理は、遺跡としての護岸と小金井の桜並木を復活させることのみが目標であるとしていることになる。

これは一般市民が玉川上水に抱くイメージと大きくずれている。少なくとも玉川上水の近くに住んでいる人は、ちょっとした息抜きに林の下をのんびり歩いて木陰を楽しんだり、小鳥の声を聞くのを楽しんだりしている。もちろん橋から水面を眺める人もいるし、ジョギングをしたり、通学の生徒が歩く場所もある。そうした市民と玉川上水との関係からすれば、玉川上水の管理計画が桜だけに力点を置いているのは大いに違和感がある。

これからの玉川上水の管理は、東京都に残る緑の帯としての価値を重視し、人々が自然に親しむ空間として管理すべきであろう。東京都はその実現を難しくしている縦割り制を取り払い、都民の声を反映できる、部局横断的なシステムを確立すべきであろう。

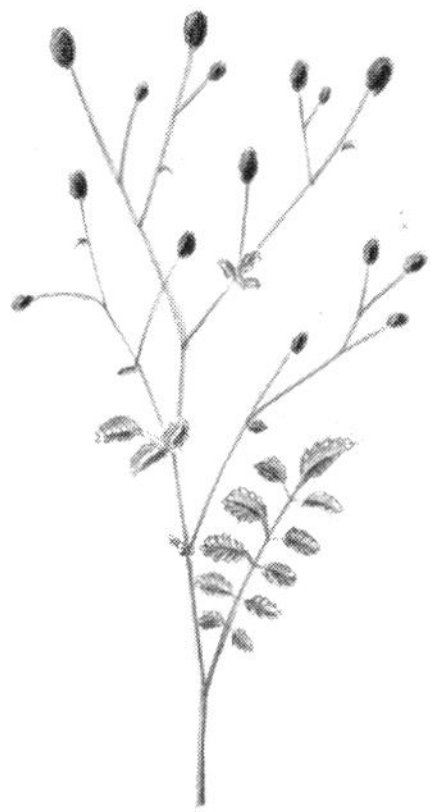

ワレモコウ

第15章　分断道路の動き

第14章に書いたように、私は玉川上水でタヌキの調査をした。それでわかったことのひとつは、玉川上水が連続した緑地であることがタヌキに住みやすい環境だということである（178ページ下図）。また、第14章には書かなかったが、津田塾大学でタヌキの食べ物を調べ、その特徴が津田塾大学が90年前に移転してきた時に、常緑樹であるシラカシを植樹したためであることなどを明らかにした（高槻　2017）。そして、タヌキが糞をしたところからムクノキなどの芽生えが生えることから、タヌキが種子散布をしていることや、タヌキの糞にカドマルエンマコガネという糞虫が来ることもわかった。それらのことから、タヌキがいることが、樹木にも関係することや、糞虫の命を支えてもいることがわかり、それらの生き物がつながって生きていることを肌感覚で理解することができた。

　玉川上水は津田塾大学の南側を東西に流れているが、大学の西側には南北に府中街道が通っている。その府中街道を挟んで緑地があり、小平市の中央公園につながっている。こうしたことから、この一帯には玉川上水全体から見ても、よい林が残っている（口絵2）。

道路建設計画見直し運動

ところが、まさにこの場所に新たな道路を通す計画がある。そのことは知ってはいたが、いつのことかという実感がないままにここまできていた。十年ほど前にこの道路計画について見直し運動が起きて、住民投票が行われたが、小平市はその投票用紙を開封しないまま処分してしまった。その頃の私は、玉川上水についての認識が今のようにはなかったので、その実情についてもマスコミ情報程度しか知らないでいた。当時、その運動をリードしていた水口和恵さんに伺うと、次のようなことがあったとのことだ。

この道路は「小平都市計画道路3・2・8号府中所沢線」といい、1962年に計画が立てられた。工事は進み、玉川上水付近の部分を残して北側でも南側でも道路工事が進められてきた。東京都と小平市は、2007年から2009年にかけて328号線が玉川上水を横断する部分は地下、高架、平面のどの形状がよいかを話し合っていた。ところが、2010年2月の東京都による説明会では、36メートル幅の道路が平面で玉川上水を分断する案が示された。説明会では、328号線ができれば、救急車が小川町交差点から多摩総合医療センターまで行く時間が、9分から6分へと短縮できる、と説明された。そして、事業認可へ向けて動き始めた。

その後、この道路計画に疑問を感じた水口さんたちのグループは、計画を見直すべきか否かについての住民投票の実施を目指し、署名運動を始めた。期間は限られていたが、２０１２年12月から翌年１月にかけて７１８３筆もの署名を集めることができた。これを受けて２０１３年２月に住民投票をするための条例の制定を小平市長に直接請求し、その条例案が市議会で可決された。ところが、４月に市長選挙があって小林正則市長が再選された後、市長は投票率50パーセント以上が必要という条件を「あと出し」し、５月26日に行われた住民投票の投票率は35パーセントという高率であったが、50パーセントに達していないことを理由に不成立とされた。皮肉にも市長選挙の投票率は37パーセントで、これも50パーセントに達していなかったのだが。

住民投票実施の翌々日（２０１３年5月28日）に、東京都は国交省に３２８号線の事業認可を申請し、７月に事業認可が下りた。道路予定地の地権者の方々は、事業認可の取り消しを求める裁判を提起し、水口さんたちは、住民投票の投票用紙の開示を求める裁判を提起した。それらは、どちらも原告敗訴となり、投票用紙の開示を求めた裁判の最高裁判決の翌日には、投票用紙は破棄された。このことは、行政が市民の声を汲み取る上で取るべき民主的手続きとの在り方として課題を残したのではないだろうか。

コゲラのいる林とその価値

私は328号線が通過することになる玉川上水の小平部分、より正確にいうと鷹の橋から久右衛門橋の部分に注目することになった（橋の名前は口絵10）。ここは津田塾大学のすぐ脇なので、津田塾大学でタヌキの調査をするときにもよく行ったし、鷹の台駅が近いので、何かとよく歩く馴染みの場所でもある。この辺りにかけて、玉川上水全体としても緑地の幅が広く30メートルほどあり、コナラやイヌシデの木が多い雑木林のような林になっている。鳥類調査もここでおこなった。その結果、小金井、三鷹、杉並と比較して、鳥類の種数も個体数も最も豊かであることがわかった（高槻ほか2023）。

鳥類調査で小平地区を担当してくださった大出水さんは個人的にこの範囲でコツコツと鳥類の記録をしておられ、その日数は年間200回を超えている。私はそのデータを整理させてもらい、その結果をこれまでの調査結果と比較してみることにした。

東京の公園や大学キャンパスなどでおこなった鳥類調査の結果を見ると30〜40種程度が記録されている（葉山ほか1996、竹内ほか2010）。ただし、東京には皇居、明治神宮など例外的に広く、しかも厳格に保護された樹林があり、鳥類調査も行われている。皇居では長い継続調査が行われ、2つの論文が出ており、最近の2013年から2017年の調査結果は77種の鳥類が記録されている（黒田ほか 2017）。ただし2009年から2013年までの調査との通算では88種となる（西海ほか 2014）。明治神宮はさらに立派な森があり、実に94種もの鳥類が記録されている（柳澤・川内　２０１３）。なお赤坂御所では46種であった（濱尾ほか２００５）。

さて、大出水さんの小平のデータだが、なんと84種に達した。これはさすがに明治神宮には及ばないが、皇居に匹敵するものであった。しかも皇居ではお堀があるためカモ類が多く、明治神宮も池があるので水鳥類が多かった。小平で多かった鳥類の上位9種をみると、シジュウカラ、キジバト、メジロ、エナガの4種が樹林性で、3種は樹林もオープンな場所も利用する種であった。これを見ても、小平の玉川上水の樹林がいかに豊富な鳥類の住む場所であるかがわかる。

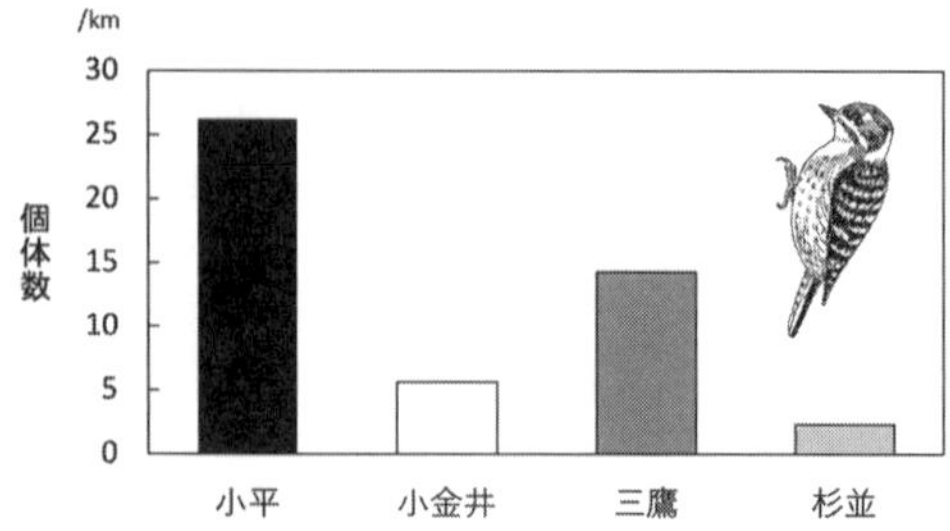

玉川上水４カ所でのコゲラの発見個体数の比較（高槻ほか2023より作図）

コゲラは「小平市の鳥」

ところで、どこの市町村でも「何々市の花」とか「何々町の鳥」などを決めているが、小平では「市の鳥」をコゲラに選んでいる。１９９３年の報告を見ると、多くの市民が参加して小平市各地で鳥類調査をし、その報告の中で「市の鳥」の選定もしている。それによると、コゲラはある程度太い木を必要とするし、よい雑木林がなければいなくなってしまう、つまり豊かな緑があることを象徴する鳥として選んだと書いてある。大抵の場所では、きれいだからとか、かわいいからといった理由で選ばれるが、小平市の選考委員は、コゲラに小平市の自然の豊かさが象徴されることを理由にしたのである。これはすばらしい選び方だと思う。私たちの調査結果のうちコゲラを取り上げると、確かに小平でも最も多いことが確認された（前ページの図）。自然を重んじる小平市が選んだコゲラは玉川上水の中でも小平市に最も多い、そこにその生息地を破壊する道路ができる。私はこれを黙って見ていることはできないと思った。

木をつつく鳥キツツキ

そういうこともあって、コゲラがどういう鳥であるかを勉強してみた。コゲラは小型のキツツキで、コナラなどの幹で忙しそうに動き回って、木をつつく（次ページ写真）。他のキツツキもそうだが、それはトントントントンというような生やさしいものではなく、トルルルル、いやカタカナではあまり感じが伝わらなくて、アルファベットの小文字で「trrrr……」と表記する方がふさわしい。調べてみると、1秒に20回も叩くのだという。叩くのが速いだけではない。強さも時速25キロメートルでぶつかる強さだという。それをスローモーションで見ると、叩く瞬間に頭全体の筋肉と羽毛が前に移動し、その直後にその反動で今度は後方に大きく動くことがわかる。人の頭で言えば、ボクサーがパンチを食らった瞬間、顔面がへこみ、頭髪が前に大きく伸びたようになるが、キツツキの頭の羽毛もあのように動く。それをたて続けに行うのだから、誰しも「よくもまあ頭が痛くならないものだ」と思う。

調べてみると、頭骨にはスポンジ構造があって、衝撃を吸収して脳に伝わりにくいとか、舌骨《ぜっこつ》という骨が頭の後部に上下に伸びており、自動車のシートベルトのように頭骨への衝撃を受け止めるなどの説明があった。私もそうだと思い込んでいたのだが、最近、これを真っ向から否定する論文が出された（Wassenbergh et al. 2022）。この論文の著者ワッセンバーグは問いかける。「打ち付ける衝撃を頭骨が吸収するということは、嘴を木に打ち付けた衝撃を頭骨に伝えにくくするということである。これをハンマーに例えれば、先端部と基部のあいだにクッションがあることを意味し、そんなハンマーで釘を打っても力は伝わらないはずだ」と。もしそうであれば、キツツキの嘴が木を打つ瞬間と頭骨がそれを受ける瞬間とにごく短い時間的ズレが生じているはずである。そこで実際にキツツキを飼育して高速度カメラで撮影してみると、これまでの説明に反して、嘴の先端、付け根、目の位置で、動きのズレはまったくなかった。このことは、キツツキの頭骨に緩衝機能はないこと

「小平市の鳥」であるコゲラ
（小口治男氏撮影）

を意味する。つまりキツツキの頭骨は嘴を木に打ち付ける衝撃をそのまま受けているのである。ではなぜキツツキは大丈夫なのだろう。ワッセンバーグによれば、「頭が痛いはずだ」というのは、鳥から見れば巨大な頭を持つ我々サルの直感であり、キツツキの頭の大きさであれば脳に悪影響があるような力にはならないという。

キツツキが木をつつくのは中にいる昆虫などを食べるためである。考えてみれば、穴を開ければ簡単に昆虫が食べられるわけではない。硬い材木の中にいる昆虫は穴の一部に体を見せるくらいであろう。しかもその穴は深いから嘴で挟んで食べることはできない。そのためキツツキは長い舌を持っており、それを木の穴の中に差し入れて昆虫をとる。舌の先端部には逆向きのトゲのような構造があって、昆虫をとらえ、引き出しやすくなっている。

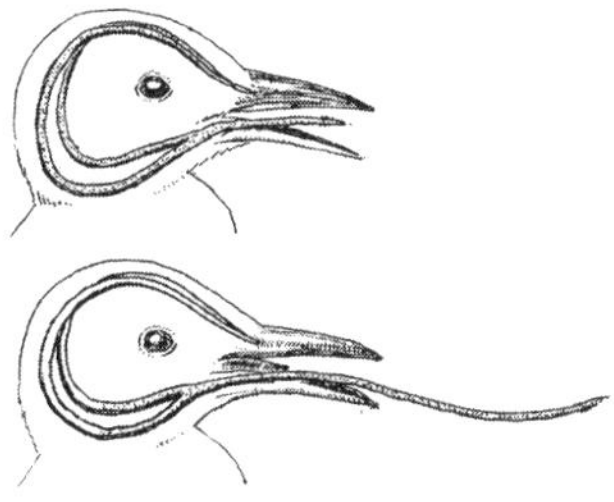

キツツキの舌（BirdWatch をもとに描く）

長い舌を口の中に収蔵するのは面倒なことになりそうだが、なんとその舌は頭の後ろの方まで続き、それどころかそこから脳をぐるりと経由して頭の前の方まで続いているというのだから驚く（上図）。その舌は中央部で二股に分かれ、また舌骨という細い骨と一体となっており、全体に筋肉が連動して全体を前後に動かすようになっている。これは他の動物の舌の常識とはまったく違うものといってよいだろう。

キツツキは鳥であるからもちろん飛ぶ。だが私たちは飛ぶキツツキを見る機会は少なく、ほとんどは木の幹にいる。そして幹にピッタリとくっついて私たちが地上を歩くように動く。ここにも工夫があり、2本の足には鋭い爪があって木の幹を確実に捉えるとともに、尾羽《おばね》が丈夫で羽軸が太く、ここと両足の3点で木の幹にピタリと張り付くように安定させている。

ことほどさようにキツツキというのは木をつつくことに見事に特化している。「木つつき鳥」とは文字通りの命名であり、英語でも woodpecker とそのままである。

森林生態系におけるキツツキの役割

キツツキの形態と機能にも心を奪われるが、私がそれと並行して勉強したのは、キツツキの森林生態系における役割とその意義についてである。生態学は環境と生物の関係を研究する学問だから、1970年代の環境問題が大きくなった時代に社会的期待も大きくなった。現在に続く地球温暖化などの環境問題は人と環境の問題として生態学者も貢献するところがあった。人間活動の拡大は資源問題や自然保護問題とも深くかかわり、自然保護活動においても生態学が貢献したところは大きい。そうした流れの中で、自然の保全そのものを目指した「保全生態学」という学問分野が生まれた。ルーツは古いが、活発化したのは1990年代であろう。その中で、生態学で発達した群集生態学や景観生態学は、自然保全に大きい影響力を持った。かつて「自然保護」

と呼んだ頃は、脆弱な自然を守るという姿勢であった。だが、人間の影響はそういう面が大きいとはいえ、例えば外来種の雑草や危険動物に見られるように一部の動植物が人間の環境改変によって増えすぎるという問題も生じた。それに対しては「保護」という考え方ではなく、抑制を含め、よりよい状態の戻すという意味で「保全」という言葉が使われるようになった。

私は保全生態学の大きな成果の一つは、かつての自然保護では絶滅危惧種を守ることが至上命題とされてきたが、群集生態学に基づく保全生態学では、群集そのものの状態を維持することが大切であるという考え方を定着させたことだと思う。私はシカの研究をしてきたが、シカだけに関心があるのではなく、シカが生息する植生との関係こそが重要であると考えた。そして、そのためにはシカ個体数を抑制しなければならないと主張した（高槻　１９９２）。「シカ研究者がシカを殺せというのか」という批判もあったが、個よりも種《しゅ》、種よりも群衆のほうが重要だということは、次第に理解されるようになった。

さて、生態学や保全生態学におけるそのような進展はキツツキの理解にも影響した。オーブリーとラリーは、北アメリカ北西部の森林ではエボシクマゲラというキツツキがいて、木に穴を掘ることで、穴が掘れない鳥類などが住むことができるようになることを明らかにした（Aubry and Raley 1992）。そればかりでなく、その穴にいる小動物を他の動物が利用できるとか、樹木の分解を早めて物質循環を促進するなど森林の動態に広範に影響する重要な役割を担っているとした。

キツツキが木をつつくことは古くから知られていたが、その森林全体における役割という視点が重視されるようになったのは、群集生態学の発展のおかげであろう。

これについてその後、注目すべき研究がおこなわれた。エイトキンとマーチンはカナダのブリティッシュ・コロンビア州で鳥類と哺乳類が利用していた樹木にある穴を、実に１３７１個も調べて、85パーセントはキツツキが掘った穴だったことを明らかにした（Aitken and Martin, 2007）。利用した鳥類は12種で、ホシムクドリ、ミドリツバメ、マミジロコガラなどが特によく利用していたという。また哺乳類ではアカリス、ムササビ、モリネズミなどが利用していたとのことである。

マーチンとイーディーはこの考えをさらに進めた。カナダのブリティッシュ・コロンビア州の森林には8種のキツツキがおり、彼らが作った穴を利用する鳥類などは20種もいたという（Martin and Eadie 1999）。キツツキは自分で木に穴を穿《うが》つので「一次樹洞営巣種」と呼ばれ、後者は「二次樹洞営巣種」と呼ばれるが、私は「樹洞生産者」と「二次樹洞利用者」と呼ぶほうがよいと思う。二次樹洞利用者の中にはカモ類、スズメ類、猛禽類などがいる。

我々の世代は学校の生物学で「食物連鎖」と教わったが、単純な鎖のような直線関係にはないので、今では「食物網」と呼ばれている。マーチンとイーディーは、この食物網に匹敵する生物の重要なつながりが、キツツキの木を穿つことから起きるという意味で「巣穴網」という概念を提案した。

これらの研究は北米太平洋岸で活発におこなわれたが、それはこの地域が世界的にもよい状態の森林が残っており、キツツキも豊富だからである。しかし、こうした研究はその後、都市緑地でも展開された。シカゴで都市緑地とキツツキに注目した研究をおこなったボヴィンたちは、都市では一般に緑地が狭いが、公園や墓地は大木を残して低木をなくす管理をするという点に注目した。そして公園10カ所、墓地10カ所で1007本（すごい！）もの木を調べた。その結果、墓地の方が公園よりもキツツキによる穴あけが3・4倍も多いことを見出した（Boyyn et al. 2019）。シカゴの墓地には太い木が多く、枯れ木も多いとのことで、枯れ木が多いのは日本の墓地とは違いそうだが、確かに雑木林に比べれば大木があり、ここに目をつけた著者らの着目点がおもしろい。著者らは都市全体に緑地が少なく、公園や墓地の緑地に大木が多いため、穴を掘れない鳥にとってその重要性は都市以外の場所より大きい可能性があるとしている。

都市緑地とキツツキに着目した研究はスペインのマドリードでも行われた。この調査では200本以上の穴を調べて、どういう鳥が利用しているかをモニタリングカメラを使って調べるという大変な調査をした。そしてキツツキが都市樹林で重要な生態系エンジニアとなっているということを示した（Catalina-Allueva and Martín 2021）。

これらの研究から、東京の緑地である玉川上水の林でも、コゲラがそこに住む鳥類や昆虫などの多様性を増やすという役割をになっているのはほぼ間違いないだろう。マドリードでの論文の最後で、カタリーナ・アルエーバとマーチンは「これらの結果は都市計画における生物多様性保全の取り組みの指針になると考える」と心強いことを書いている。

玉川上水とコゲラ

キッツキのことをひととおり学んでみて、改めて玉川上水の道路計画予定地の林のことを考えると、コゲラの住む豊かな林があり、そこにはアオゲラもいる、こうしたキッツキがいることで、彼らがあけた穴を利用する鳥や昆虫もいるはずだ。

道路計画認可の根拠とされた「評価書」（後述）には、林はなくなるが、周りには良い林が残るから問題ないという意味のことが書いてある。それはこれらの自然の仕組みや林の実態をまったく理解していないからで、生態学的にいえばまちがいと断じてよい。評価書が作成されたのは、2010〜2012年であり、計画ができた1960年代に比べて自然に関する研究や理解が深まり、考え方も変わったにも関わらず、無知、無理解のまま計画が認可されたことになる。この半世紀で、環境に対する考え方、ごみの処理、喫煙マナー、ジェンダー問題など見違えるような変化をし、行政はそれに対応した修正をしてきたはずである。にもかかわらず道路と自然に関してはその限りではないとしたら、それを納得する市民はいないだろう。

そうでなくても1990年代にすでに小平市の自然の豊かさを認識し、これを大切にする街を象徴する鳥にコゲラを市の鳥として選んだという先人の英断もあるのだから、その精神を活かしてほしい。

道路工事の影響評価書

小平328号線工事を認可した影響評価書がある。正確な名称は「環境影響評価書案の概要――国分寺都市計画道路3・2・8号府中所沢線及び小平都市計画道路3・2・8号府中所沢線（国分寺市東戸倉二丁目～小平市小川町一丁目間）建設事業」（平成23年）という。私は簡略版を読んだ。大気や水質の影響についてはここでは省略し、生物関係を見て考えた重大だと感じた2つのことを紹介したい。

一つは希少種のことである。レッドデータブックにいくつかの段階に分けて絶滅危惧種などの希少種が挙げられている。開発側からすれば、当該地に希少種があれば開発しにくくなるから、こういう動植物はなるべくないほうがよいことになる。評価書によれば当該地にはいくつか希少種があり、野草にも10種の希少種が挙げられている。ここではそのうちキンランとニリンソウの扱いをとり上げる。

キンランは当該地の周辺に生育適地があり、そこに移植するので、評価書は「影響は小さい」としている。私はこの記述を読んで驚かないではいられなかった。キンランは半寄生植物であり、その根は菌根菌によって木の根から栄養を得ていることが知られており、キンランだけで栽培しても生育できないことは実証されている（谷亀　２０１４）。そのことを知っていれば移植するから影響は小さいなどと書けるはずがない。

一方、ニリンソウについてはさらに驚くべきことが書かれている。すなわち「本種は、北多摩地域ではもともと分布していないとされるキクザキイチゲと混生していることから、植栽された可能性が考えられます」とある。分かりにくいので補足すると、別の希少種であるキクザキイチゲはレッドデータにないから、どこからか移植されたのだろうとしている。真っ当な生物学者であれば、「ない」とはなかなか言えない。レッドデータに「ない」とした人がどの程度の調査に基づいてないとしたのかはわからない。あることはまちがいなくても、ないことは「確認されていない」ということであって、生物学的な意味で「ない」とは断定できない。現に私は小平の自宅近くで東京都のレッドデータブックで「絶滅」とされた野草を発見している。にもかかわらず、「ない」ことを期待する東京都は、この情報を「ない」ことの証拠として引用している。ただし、この評価書に寄り添うつもりはないが、私たちの花マップの調査でもキクザキイチゲは確かに断片的にしか生育していないから、移植の可能性は否定できないと思う。しかしニリンソウは違う。ニリンソウは『武蔵野の植物』（檜山　１９６５）によれば武蔵野に広くあったとされているし、私たちの調査でも玉川上水の96の区画のうち36区画でニリンソウの開花が確認されている。これには未開花個体は含まれていないから、それらを含めれば間違いなく半分以上に生育している。そのニリンソウのほとんどはキクザキイチゲとは混生しておらず、これが植栽されたとみなすのはあまりにも強引である。

さらに言えば、よしんば植栽されたのだとしても、栽培植物ではなく、武蔵野に広く生育していたこの土地の野草である。不適地であれば植えても数年で消滅するのが普通であり、今でもあるということは、ここが適地だからにほかならない。それを「レッドデータにはないと書いてあるキクザキイチゲと混生することがあるから植栽であり、さほどの価値はないから、道路をつけてもよい」という理屈はほとんど悪意を持った主張であり、「お前などなくてもいい」という心ない言い捨てだと思う。

このような姿勢も問題であるが、そもそも工事認可の評価書が、希少種を重視すること自体が問題であると言わざるを得ない。もちろん希少種に注目することは必要で、それがおろそかであれば希少種がなくなることになりかねない。しかしそのことは普通種をおろそかにしてよいことを意味するのではない。森林であれば、その森林にふさわしい動植物が生息し、互いが関係を持ちながら生きている状態そのものが重要であり、守るべきものであることは現代保全生態学の常識である。この評価書ではそのことが理解されていない。

この評価書の問題点としてとりあげたいもう一つは伐採に対する評価である。評価書には伐採について次のように書かれている。「環境施設帯への植樹帯の設置により、連続した新たな緑被を創出します」。わかりやすく言えば「伐採はするが、木を植えるので大丈夫」ということである。それに続けて「植栽面積を足せば、伐採前よりも緑地は少し広くなる」とあり、だから問題ないと言わんばかりである。これは林をパッチワークのように捉え、「こちらが減るが、同じ面積のつぎはぎをあちらに縫い合わせるから減ったことにはならない」ということで、「これにより影響は小さいと予測します」と結んでいる。

希少種に対する無知と無理解、伐採面積に対する見当違いな意義づけに暗澹たる気持ちになるが、これらを踏まえた結論の部分には、さらに驚くべきことが書かれている。その部分を正確に引用すると次のようである。

評価の指標とした「生物・生態系の多様性に著しい影響を及ぼさないこと」を満足すると考えます。

この文章には主語がない。最初私は事業主である石原都知事（当時）か、あるいはこれを書いた人が満足するのかと思ったが、文章から察すると人ではなく、「道路計画が影響を及ぼさないものである条件を満たしている」という意味のようだ。なぜこの粗雑な理屈の組み立てで、道路工事が生態系に影響しないということになるか、いくら想像を膨らませ、善意に解釈してもさっぱり理解できない。この文章を書いた人のことを想像すると、「仕事とは言え、なんで自分がこんな無意味で説得力のない文章を書かないといけないのだ」と思ったはずで、同情を禁じえない。しかし、結果としては、このような文章により、道路計画に妥当性が与えられ、２０１３年に国土交通省により計画が認可されることになった。後世の世代に、２０２０年代に道路によってあの林が破壊されたが、その認可の根拠は何であったかと問われれば、私たちの世代は「この評価書に基づいた」と答えるしかない。それを知りながら容認できる人がどれだけいるだろうか。

半世紀前の計画をそのまま実行する

この「分断道路」計画の問題点は別のところにもある。この計画は60年ほども前の１９６２年に立てられたものである。当時は日本が高度成長期のただ中にあり、１９６４年の東京オリンピックを控えて東京は開発の渦中にあった。当時、開発は力強い、希望の言葉という響きさえあるように受け止められていたように思う。現に玉川上水の杉並より下流の13キロメートルほどが暗渠化されたのはこの時代のことである。

問題はこれを平成時代ならまだしも、令和の時代になっても同じように進めなければならないのだろうかということである。行政が住民のためにあるのであれば、昭和の時代に利便性を求めて道路を計画することは多数の住民の希望するところであっただろうから、納得できる。それが今も同じであれば、継続して進めてよいであろう。だが、激しく変化する現代社会が、半世紀以上同じ価値観でいることはあり得ない。ましてや、日本の経済力がピークをすぎ、凋落とは言えないまでも、下り坂に差しかかっていることは無数の情報が示している。そういう時代に生きる住民は、道路に対する思いも昭和の人々と同じではない。そして、自然に対しても、生物多様性についても、昭和時代とは大きく認識が変わっている。昭和時代には「便利さのために自然が犠牲になるのは仕方ないこと」という空気が強かったが、私の知る少なからぬ現代の住民は「道路のために、あの林を破壊されるのは、失うものが大きすぎる」と思っている。私たちがおこなったアンケート調査でも、玉川上水の文化財としての価値は認めるが、同時に自然の価値が大きいとした人が98パーセントを占めていた（154ページの図）。

もし多数の人が希望していないにもかかわらず、行政が昭和の道路計画を状況の変化を無視して進めるとしたら、民主的手続きとして妥当といえるだろうか。

神宮外苑の樹木伐採計画と反対の動き

2023年の春、神宮外苑の開発計画、特に樹木伐採に対して反対運動が起き、8万6000筆もの署名が集まった。そして集会が開かれて6000人もの人が集まり、その保護を求めていた坂本龍一氏が亡くなったこともあって話題となった。詳細は他書に譲るが、都市緑地の伐採という意味で玉川上水との関連で考えてみたい。

この伐採計画の不合理については、評論家や社会学者、哲学者などがさまざまなことを論じている。私がみたところ、都市緑地の保全が原生的自然の保護と未整理のまま論じられている。確認しておきたいのは、外苑の樹木は公園の、管理され、多数の人が利用する緑地だということである。これは内苑（明治神宮の森）とはまったく違う。私は縁あって明治神宮の森でタヌキの食性調査をする機会に恵まれた（高槻・釣谷　２０２１）。初めてその森を歩いた時の、厚く積もったふかふかの枯葉の感触が忘れがたい。この林は保護するための管理がされて然るべきであり、現に一般人は立ち入り禁止である。

一方、外苑のような公園は、樹木が本来の林よりは疎らで、下草はないのが原則である。公園は「パーク」というが、パーキングは駐車場である。つまりヨーロッパで、かつて馬車を停めておく共有空間が「パーク」であり、同類の空間を明治時代に「公園」と訳したわけである。したがって公園は人が快適に過ごすべく植物も管理される。これは、同じ都市緑地である玉川上水の緑地とは質的に異なる。玉川上水の林は自然度が高く、林の下に野草が豊富に生えている。そのような違いがあるとはいえ、樹木が伐採されることに対して、これほど多くの人が立ち上がったということは考えるに値すると思う。

これらの木は百年ほどの長い時間を生きてきた。私たちが直接は知らない太平洋戦争の時代も生きてきた。そういう木々を経済開発のために伐採するということ自体に深い「納得のできなさ」を感じる人が多いのだと思う。神宮外苑の計画は 玉川上水を分断する328号線よりは新しいものだが、それを主導した面々の感覚は 昭和時代のものそのものであった。そうした人たちが導いた我々の社会は結局何を残したのだろう。客観的に見れば、私たちの社会は凋落しつつあるという動かしがたい現実があり、鬱々とした思いで生きているわれわれの日常がある。そのような社会を作ってきた価値観は、「開発」という名のもとに自然を破壊することだったのではないか。そのことを反省することなく、この時代になってもまだ樹木を伐採するということを続けるのか、もうそういう姿勢はやめにしたい。少なくとも、自分たちはこの命ある木々を開発のために大量に伐採するという選択をする形で、この場所を次の世代に残すことはしたくない。そういう思いが多くの人を立ち上がらせたのではないだろうか。

次世代に残せるか

私が日常的に訪れ動植物を観察し、ときに調査をする玉川上水はその部分だけ取り上げればどこにでもあるありふれた場所に過ぎないかもしれない。ただよくみれば皇居に匹敵するほど豊かな鳥がすみ、季節ごとに花を咲かせ果実を実らせる野草が500種も生育する。その普通の自然も、周辺が市街地であり、東京という大都市にあるということを考えると、その価値が格段に大きくなる。これだけの自然が30キロメートルにわたって連続して残されてきたということは奇跡と言ってもよいだろう。そしてその奇跡は370年という歴史の産物でもある。歴史はときに非情である。東京の人々の水の確保という最重要な機能が失われたとき、玉川上水は一部で水が流れなくなり、ゴミが捨てられるという状況にもなった（加藤　1973）。また高度成長期には一部が暗渠化され、高速道路がつけられた。それでも復水され、30キロメートルは開渠のまま残された。その先人の英断に私たちは感謝しなければならない。そして私たちはこの奇跡の水路を後の世代によい形で引き継ぐ責任がある。

50年後、もちろん私はこの世にいないが、次の世代の人たちが、私たちが先達に対して感謝するように、よく残してくれたと言ってもらえるだろうか。私たちは、そのことを問われていると思う。

〈コラム6〉　競争と共同、男と女

私は遅まきながらキツツキの勉強をした。そして、あることに気づいた。形態学については1960年代から綿々と研究が続き、特に古いものは男性による研究が多いが、1990年代くらいから盛んになったキツツキの森林における役割、特にキツツキが穿った穴を他の動物が利用し、森林生態系が豊かになっていることを示した論文の著者が女性が多いのである。それは生物学の研究環境が変わって、女性にそのチャンスが巡ってきたことの結果であるかもしれない。

そんなことを考えているときに『マザー・ツリー』（シマード　2023）を読んだ。この名著の著者のスザンヌ・シマードはカナダの森林で樹木伐採をしてきた家庭に育った。子どもの頃から樹木が大好きで、土を食べるのが好きというちょっと変わった子で、キノコにも関心があった。彼女は樹木伐採に心情的に嫌悪感を持っていたが、森林関係の仕事につきたいと思い、森林管理の仕事についた。そこでは国の政策として、有用材を得るための針葉樹を育成するために、競争相手になる落葉樹を伐採するというプロジェクトが進行しており、シマードはその評価をすることになった。その過程はもとの本を読んでもらうこととして、結論を急ごう。

実は針葉樹の競争相手であるはずの落葉樹（カンバ）を伐採すると、一時的には明るい環境になって針葉樹（マツやモミなど）の成長は良くなるが、その後生育が良くなくなり、枯れるものも多くなった。

スザンヌ・シマードには直感があった。心情的には、伐るよりも残す、1種類よりたくさんの種類に生きてほしいと思っていたが、生物学的事実としても、カンバがある方が針葉樹の生育がよくなったのである。それはなぜか? 実は菌根菌という菌類（大きく言えばキノコ）によってカンバの根と針葉樹の根がつながっており、カンバから針葉樹へ栄養が送られていたのである。それればかりか、季節によってはその逆の流れも確認され、木々は「お互い様」と助け合っているということが明らかになったのだ。さらには大きな年老いた樹が若木に水分や栄養を補給したり、あるいは木が病原菌や昆虫に食べられるなどすると、防衛物質を生産することが知られているが、そのことも菌根菌を通じて他の木に伝えられ、受け取った木が防衛物質を生産するなど驚くべきこともシマードは実証した。

木は競争をしている。それは事実であり、競争があることは否定できない。ダーウィンが進化論の根拠にしたのも、すべての個体が生き延びられるわけではなく、環境に適応的な個体が生存するという原理が選択を促し、進化が起きたと考えたからである。だが生物間の関係のすべてが競争によるのではない。スザンヌ・シマードが示したのは、まちがいなく木々は助け合っているという事実であった。そのことに気づけなかったのは、生き物は競争して生きているに違いないと思いこみ、事実を見る目を曇らせていたからではないか。そうしていたのは男性中心の研究者集団だったのではないか。

　キツツキがいることが他の動物の生息可能性を大きくしていること、落葉樹が針葉樹の生育に協力していること、これらに共通しているのは、ある生物の存在は別の生物に邪魔になったり、競争相手になるのではなく、ほかの生物の役に立ち、複数の生物がいる方がよいということである。そのことに気づいたのが女性であることは偶然であろうか。

　偶然であってもよい。キャスリン・アイトキン（キツツキの役割）、キャシー・マーチン（巣穴網の提唱）、スザンヌ・シマード（樹木と菌根菌の働き）という名前の生物学者であり、それがたまたま女性であったということなのかもしれない。ただ、そうは思いながらも男である私には、前世紀まで社会は男が競争するものであったことや、戦争という破壊行為をするのが男であるという事実を悲しく認めなければならない。性差別をする気持ちはさらさらないが、穏やかな日常を重んじ、競争よりも協力を大切にするのは女性のほうが多い傾向は間違いなくあるのではないか。そのような人が世界のリーダーの中で多くなれば、悲劇が少なくなるのではないかと思う。シマードたちは、そのことを生物学の分野で実現した。彼女は『マザーツリー』の中で次のような印象的な記述をしている。

　森というものは複雑で適応性のある一つのシステムであり、環境に適応し学習する多数の生物種からなること、そのなかには老木も埋土《まいど》種子も倒木も含まれていること、そしてこうした一つひとつが、情報のフィードバックや自己組織化を含む複雑で動的なネットワークの中で作用し合っていること――こうした考え方を受け入れる科学者が、いま増えている。

コゲラ

第16章　より良い玉川上水のために

玉川上水の自然の豊かさ、生物多様性、小金井桜の意味、分断路道路の問題などを考えてきた。最後の章であるここでは全体を振り返りながら、これからの玉川上水について考えたい。

行政の縦割り問題

2020年の夏に小平の玉川上水の葉が夏なのに秋のように茶色くなっているのに気づいた。見るとコナラで、太い木が多いようだった。その木の幹を見るとノコクズのようなものがあって根本に溜まっている。話に聞いていた「ナラ枯れ」のようだ。これはカシノナガキクイムシという小さな甲虫（上図）がおもにナラの幹にトンネルのような穴を掘って木を枯らせることで、関西では数年前から大きな問題になっていた（黒田

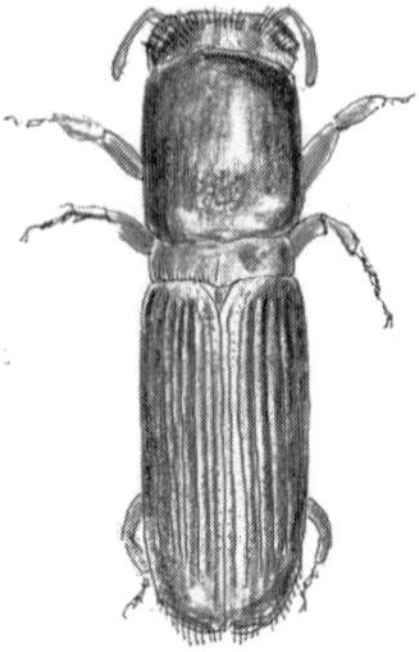

カシノナガキクイムシ

2008)。

私が気づいたのは2020年の夏だが、それより以前からもあったようだ。ただ一気に目立つようになったのはこの夏からだった。

2021年になって対策事業が始まり、私も手伝ったが、幅30センチメートルほどの帯状の「粘着テープ」を幹に巻きつける作業だった。これは越冬した成虫が春になってここから飛び立ってほかの樹木でまた穴を開けてナラ枯れを拡大させるのを防ぐために、穴から出てきた成虫が帯の内側の粘着面にくっついて動けなくする仕掛けだ。これを地表から高さ2メートルくらいまで貼った(上写真)。

カシノナガキクイムシ防除のための「粘着テープ」

その作業は歩道沿いのコナラの木におこなったが、当然のことながらナラ枯れの被害にあっている木は上水の柵の中にもある。だが担当の人は申し訳なさそうに「うちの担当は歩道だけですから」ということだった。

コラム5(120ページ)に書いたように、玉川上水の地域区分ははなはだ複雑で、緑道と呼ばれる歩道部分は建設局が担当するが、柵の内側は水道局の担当である。そのため建設局関係者はそこには「手が出せない」ということだった。これではキクイムシの被害防止には決定的な弱点になる。粘着帯を巻いた木のキクイムシが捕えられても、柵内の木は何もしていないから、その木から飛び出してほかの木につけば、実質的に防除にならない。文字通りあふれる水をザルで受けるようなものだ。

このことに典型的に見られるように、いわゆる行政の「縦割り」の弊害は深刻である。行政の仕事は何事もそうだといえば身もふたもないが、こと自然現象ではそのマイナス面は深刻である。もし洪水になった時に、同じ市内で「ここまではうちの担当だが、ここから先は別の部局担当だから知りません」と言ったら大問題になるであろう。だが玉川上水ではそれがまかり通っている。仮りに玉川上水の水の管理と樹木の管理が別問題であったとしても、同じ土地で起きていることは統一的に対応しなければ効果が上がらないし、効率も悪い。まして水と樹木は深く関連して一つの現象を起こしているから、別々に対応するのはまちがいでさえある。私が見る限り、現場の担当者はこうした縦割りが良くないことは十分認識しておられる。そうではあるが、「この問題は我々がどうこうできる問題ではない」という空気が覆っている。これはリーダーシップの欠如による。東京都ほどの大組織になると、部とか局レベルになるとこれまでの歴史もあり、隣の局と長年おこなってきた枠組みを見直すとなると大問題になる。そこで、「それはいつか別の機会に」

などと先送りされるのがつねである。そういう重大な問題を自分の取り組むべき課題だと考えるようなリーダーがいないことは不幸なことであり、都民には希望がないことになる。

行政のトップダウン感覚

土地管理の細かな縦割りにも驚いたが、行政のヒエラルキー意識の強さにも当惑させられた。私は昭和24年生まれで子どもの頃の大人には明治、大正の人も多かった。そういう時代だから、おまわりさんや駅員のような制服の人には大人が丁寧な言葉を使い、緊張しているのがわかった。それが、昭和の終わりくらいからおまわりさんが優しく丁寧になったのに気づいて「ああ、時代が変わってきたのだな」と感じるようになった。

ところが、玉川上水の保全に関することで行政とやりとりをするようになって、「あの頃と変わっていない」と思うことに出会うようになった。

これについて小金井市教育委員会の伊藤富治夫氏のエピソードがある（伊藤2007）。氏によると1992年に小金井市関係者が文化庁に呼ばれてお叱りを受けたという。小金井市は玉川上水の管理をしている水道局に許可をとって緑道に柵を作ったり、歩行者乗り入れのスロープを作るなどした。このとき桜には手をつけていないから問題ないと考えたのだが、文化庁の見解は違っていた。それによれば、個々の桜ではなく、並木全体を名勝に指定しているのだから、こういう工事は文化庁の許可が必要だということであったという。伊藤氏は大ショックだったと記述しているが、そのことを業務としている人でさえこのような「まちがい」をするほど網掛けが複雑だということである。

このことを知って私が感じたのは、地元の小金井市職員が桜並木のために柵やスロープをつけようと計画し、予算をつけておこなった善意を、失策のように捉えて叱りつけたという文化庁の体質の異様さである。市民感覚でいえば地元のことは地元の市の職員が一番よく知っているのだから、その決定を尊重するのが都や国の役割だと思う。ましてや小金井市は都の水道局の許可をとっているのである。そうであれば、問題なのはなぜ都の水道局が文化庁に調整確認をしなかったかであろう。にもかかわらず、文化庁が小金井市職員を「叱りつけた」のである。そこには明らかに国（文化庁）の方が都よりも、まして市（小金井市）よりも上であるという価値観が感じられる。国民のために仕事をする同じ公務員が片方を「叱りつける」という前時代的なことが行われていることに私は強い違和感を覚える。

玉川上水を統一的に管理するシステム

地方行政の仕事は地方の小都市と大都会では大きな違いがある。地方の小さい都市では一次産業主体で人口も少なく、役場の職員と住民はいわば顔見知りの延長線上にある。一方、大都市では膨大な数の人がいて、その職業もさまざまで、価値観も多様であり、行政組織も巨大になり、歴史も長い。そうであれば部局が違えば職員同士も互いが知らないし、そのトップとなれば、別の部局に気軽に注文をつけるようなことはしにくくなるのは当然であろう。しかしそうであるからこそ、そもそも公務員は何をするために働いているかという原点につねに立ち戻る意識が必要だと思う。

このことを本書の課題に戻って玉川上水の樹木の管理を考えてみる。1960年代は日本中が高度成長に邁進し、開発をしていた。戦後の経済復興の時代の流れの中にあった当時、開発のために玉川上水の樹木を伐採することは都民のためになると考えられたとしても無理はない。その意味で、市民の意識と東京都の管理はほぼ同調していたと言えるだろう。しかし過度の経済優先のあり方に見直しが起き、環境庁ができ、市民運動も自然保護を訴えるようになった。しかしこの時代になっても玉川上水の管理は水道局が主体であり、玉川上水の管理は動植物主体ではなくあくまでも水の管理であった。この時点で市民の希望と都の管理にズレが生じたと思われる。これがもっと小さい組織であれば、環境系の部門との調整あるいは管理の移行が起きるはずであるが、東京都ではそういうことはなかった。そうした中で清流復活運動が起こって、東京都もそれを重要な事業と位置付けて1980年代に清流復活が実現した。この時、水道局は機能変化をしたわけではない。小平監視所までは上水としての機能を持たせ、それより下流はその機能はないまま、空堀ではなく生活用水の浄化水を「清流」として流すようになったにすぎない。

2000年代に入り、玉川上水が史跡指定されたあとは玉川上水の管理目標は玉川上水の自然全体ではなく、法面保護と桜並木の復活に絞られることになる。その中で、水道局の主務は上水の水の管理であり、そのために護岸が重要であると位置づけられた。そして法面保護のために樹木は伐採するという管理が進められた。この時期になると市民にとっての玉川上水は、水は少なくなったものの、清流が戻り、木々が育ち、草花や野鳥もいる豊かな自然空間と位置づけられ、多くの人が玉川上水の散策を楽しむようになった。それでも東京都による玉川上水の管理主体は依然として水道局であり、主務は法面保護、すなわち樹木伐採であった。ここで市民感覚と都の業務との乖離が大きくなった。市民は楽しみにしている木陰を作ってくれている樹木をなぜ伐採するのかと抗議をするが、「法面保護のために必要な伐採です」と答える。このとき、もし「都民にとって玉川上水とは何か。そのために都は何をすべきか」という素朴な出発点に戻るバランス感覚があれば、「市民は豊かな緑があることを望んでいるのに、それに答えることは樹木の伐採だろうか」という疑問が湧くはずである。その疑問を解消しないままに「これまでやってきたことだから」という理由で改めないとすれば、問題は深刻である。

私は伐採が一切いけないと言っているのではない。むしろ都市の自然に管理は不可欠だと考える。市民が合理的な理由で伐採を求めたら、それに応じて伐採すべきである。しかし伐採すべきでないという多くの声があるときに「これまでやってきたことだから」という理由で「いろいろな考えがあるので個人の声は聞けません」として伐採を繰り返していることが問題だと言っているにすぎない。

社会が自然に対して求めるものは時代によって変化する。伐採についても、開発が必要で市民もそう考えていた時代に伐採をしたのと、市民が緑が必要だから伐採はしないでほしいという時代に伐採をするのでは意味がまったく違う。行政はその変化に対応して、今なすべきことが何であるかを変える必要がある。その意味で、都民が玉川上水に残された自然としての価値を見出している現在、その管理は自然問題を扱う環境局に比重を移すのが望ましい。

玉川上水の価値とこれからの日本社会

玉川上水の管理には環境局と水道局の協働が必要だと述べたが、これまで忘れられていたもう一つの重要な側面がある。それは玉川上水の社会教育が必要だということである。必要というよりも、玉川上水が教育素材としての優れた点を豊富に持つということである。

現在、非常に多くの人が玉川上水の散策を楽しんでいる。都市緑地は優れた都市の条件と言える。世界を見てもニューヨークのセントラルパークやベルリンのティーアガルテンなど、優れた都市計画には公園などの適切な緑地がある。東京にはそのような緑地は少ないが、玉川上水周辺では玉川上水がその役割を果たしており、その存在意義は大きい。その散策は健康のためでもあるが、しかし自分が歩く場所の植物についてさまざまに関心を持つ人が多いのも確かである。そしてレイチェル・カーソンが言うように、自然を知ることには飽きることのない楽しみがある。子どもは子どもなりに、老人は老人なりに自然に接し、学ぶことができる。自然だけでなく江戸時代に掘られて江戸市民の生活用水を確保したこと、多摩地区の農業の発展に貢献したこと、土木技術など学ぶに値することも多い。もし玉川上水のポイント、ポイントに簡単でも玉川上水について学べる施設があり、写真展示などがあって季節季節の野草や野鳥、歴史などが紹介されるなどしたら、散策する人の理解が深まり、散策がさらに楽しいものになるであろう。もし地元の学生や高校生がそうした解説活動に参加すれば、地域の教育にも有益であろう。

このように現在、そしてこれからの玉川上水の管理を考えれば、市民が玉川上水に求めるのは豊かな自然であり、そのためには東京都は玉川上水の自然を良い状態で維持するという目的の管理をすべきである。具体的には環境関係、建設関係、教育関係の部局が一体となって、都民のための玉川上水とはいかなるものであるかを熟考し、中長期の計画を立てた上で、民主的に実行すべきである。

私は本書で東京の玉川上水という限定的な場所のことを考えた。しかし都市の緑地をいかに管理するかという問題は日本中のすべての都市にとって重要な課題であり、ここで私が考えたことはすべての都市に共通することである。それぞれの場所にはそれぞれの気象的、地形的特徴があり、異なる歴史がある。それを活かしてどのような自然を残し、管理してゆくかはこれからの時代に重要な課題となるに違いない。それを科学的に理解し、民主的に計画を立てることは日本中の課題であると思う。

私が希望するような玉川上水の管理がなされるようになる時まで私が生きているかどうかわからない。しかし私は全体的には楽観的である。というのはこれからの日本社会は落ち着いたものになるという直感があるからだ。振り返れば敗戦の苦境から立ち直る努力をし、その頑張りは自然破壊という負の遺産を残したが、そのことに気づいて開発を抑制し、今は落ち着きを取り戻した時代にいると見ることができる。このような社会の変化を反映して、玉川上水は江戸時代からの上水機能を弱めながら、昭和の開発の時代の荒廃を経て、現在は緑地としての評価が定着した。これからの日本は経済力は低下していくであろう。それに対してかつてのような高度成長を期待する人はどの程度いるのだろうか。それよりは経済的豊かさはそこそこであっても、穏やかで落ち着いた社会を望ましいという人のほうが多いと思う。そういう人々が玉川上水にある樹木を伐採する管理を求めるとはとても考えられない。

本書の原稿を書き終えた後で長野県のアファンの森を歩いた。その時心に次のような詩が浮かんだ。

木を伐らないで

高槻成紀

この森に私のほかはだれもいない
木に向かう

木に指先を触れる
そして木を手のひらでさわる
それから手を広げて木を抱く

目を閉じる
私が木を抱き
木が私を包む
私は葉になる
葉で作ったものは付け根に集まり
葉の柄を通じて枝を流れ

無数の枝が幹に樹液を流す
私は根になる
根の先の毛根は大地の水を吸い
無数の根を通じて水を幹に流す

樹液や水の行き来するのは幹の表面の薄い層
その層は冬に年輪を作る

私が生まれたのは
この木の内側、肘の長さほどのところ
この木はそれよりもずっと前に生まれ
私が知らない戦争の時代にも立っていた
来年になれば、また外側に薄い層を作り
根を伸ばし、葉を広げる

私はやがてこの星にお別れをするが
この木はその後も根を伸ばし
葉を広げ、年輪を作り続ける

人は営みとして
木を伐ってきた
そしてあるものを得てあるものを失った

私は木を抱き、木は私を包む
木に包まれる私の心に
言葉にならないものが湧きあがる

もう木を伐らないで

アフガニスタンで用水路を作り尊敬される中村哲《てつ》先生は「カネがなくても生きていけるが、雪がなくては生きられない」というアフガニスタンの人々の言葉について、アフガニスタンの人々と違って日本人には「雪はなくとも生きられるが、カネがなくては生きられない」という思い込みが支配しているように思えてならない、と語っている（中村　２００７）。雪とは水と自然ということである。中村先生の考えは、多くの日本人が共感するものだと思う。日本人は自然をときに畏れ、ときに憎みもしたが、まちがいなくその中に抱かれるように生きてきたのだから。そう思えば、私は楽観的になれる。

本書を振り返る

本書は大きくいって二つの内容からなる。一つは「花マップ」で、もう一つは玉川上水の自然の保全、具体的には過度の樹木伐採阻止の試みである。

花マップなど玉川上水の自然を調べることは実に楽しく、いつまでも続けたい活動である。この体験は科学的な姿勢が着実な成果を生むことと、それが専門家の独占物ではなく、ビギナーを含む市民が参加可能、というよりその協力なしには実現しないものであり、新しい科学活動の可能性を示唆するものであった。

後半の保全活動は、個人的な「伐採の衝撃」に端を発するものだが、共鳴する多くの賛同者を得ることができた。そこで直面したのは、行政の、機能障害ともいえそうな硬直した現状であった。その一つの要因はこれまでしてきたことを変えることが難しい、あるいはそれはすべきでないと考えているのではないかと思えるほどの硬直化である。これには担当者に、責任の所在を明確にしたくないという心理があると感じられた。もう一つの要因は驚くべき「縦割り」という構造上の問題である。玉川上水の土地は細分され、それぞれを別の部局が担当し、部局同士は横のつながりを持たない。そのため、ナラ枯れの木のすぐ隣にある木が歩道にあれば防除をするが、歩道になければ防除をしないという非合理的なことが横行している。そうした行政の体質のために、多くの市民は玉川上水の林の価値を高く評価しているにもかかわらず、東京都は1億円もの予算をかけて伐採を続けているという齟齬が顕在化している。厳しめの一言で言えば、行政は市民のためになすべきことを見失っているといえる。正しいことを伝えれば見直してもらえるはずだという私は楽観的に過ぎたが、しかし市民は自然の大切さを訴え続けるから、行政は遅かれ早かれ見直ししてしてくれるはずだという自信のようなものもある。それは、私たちが経済やイデオロギーをもとに主張を発信しているのではなく、野外調査をし、動植物に直接向き合うという日常を行う中で見出した事実に基づいて発信しているからである。

私は夢見る。おだやかな日々があり、家族が自然に親しみ散策する姿を。大人が季節のことを語り、今年もあの花が咲いたねとほほえむことを。そのような空気の中で育つ子供は生きるとは、そのようにするものだと信じることだろう。それは叶わぬ夢なのだろうか。その答えは今の大人たちの中にある。

■文献
伊藤富治夫　2007年　玉川上水と小金井桜今昔――変貌する武蔵野の風景――小平ユネスコ玉川上水を世界遺産にプロジェクト「連続市民講座講演集」49～60
岩田一正　2000年　殉職によって表象される教師の心性――1920年代初頭の教師文化の一断面――「東京大学大学院教育研究科紀要」40：191～200
今井久　2008年　樹木根系の斜面崩壊抑止効果に関する調査研究「ハザマ研究年報」2008　12：34～52
ヴォールレーベン・ペーター　2018年『樹木たちの知られざる生活』長谷川圭訳、ハヤカワノンフィクション文庫
大貫恵美子　2003年『ねじ曲げられた桜――美意識と軍国主義――』岩波書店
大谷雅夫　2021年『万葉集に出会う』岩波新書
勝木俊雄　2015年『桜』岩波新書
加藤和弘　1996年　都市緑地内の樹林地における越冬期の鳥類と植生の構造の関係「ランドスケープ研究」59：77～80
加藤和弘　2005年『都市のみどりと鳥』朝倉書店
加藤辿　1973年『都市が滅した川――玉川の自然史』中公新書
北原曜　1998年　森林が表面侵食を防ぐ「森林科学」22：16～22
北原曜　2002年　植生の表面侵食防止機能「砂防学会誌」54：92～101
黒田慶子（編著）　2008年『ナラ枯れと里山の健康』林業改良普及双書
黒田清子・小林さやか・齋藤武馬・見恭子・浅井芝樹　2017年　2013年7月から2017年5月までの皇居の鳥類相「山階鳥学誌」49：8～30

小金井市教育委員会　2010年　『玉川上水・小金井桜整備活用計画――名勝小金井（サクラ）の復活をめざして――』小金井市
小島憲之・直木孝次郎・西宮一民・蔵中 進・毛利正守　2007年　『日本の古典をよむ(2)日本書紀 上』小学館
小平ユネスコ協会　2007年　『小平ユネスコ玉川上水を世界遺産にプロジェクト　連続市民講座講演集』小平ユネスコ協会
佐藤 力・大塚生美・趙 賢一・小泉武栄　2003年　東京都玉川上水の水路法面崩落と樹木管理に関する研究「環境情報科学論文集」17：13～16
シマード、スザンヌ　2023年　『マザーツリー・森に隠された「知性」をめぐる冒険』三木直子（訳）ダイヤモンド社
高川晋一・植田睦之・天野達也・岡久雄二・上沖正欣・高木憲太郎・高橋雅雄・葉山政治・平野敏明・三上修・森さやか・森本 元・山浦悠一　2011年　日本に生息する鳥類の生活史・生態・形態的特性に関するデータベース「JAVIAN Database」「Bird Research」7：R9～R12
高槻成紀　1992年　『北に生きるシカたち』どうぶつ社
高槻成紀　2006年　『野生動物と共存できるか――保全生態学入門――』岩波ジュニア新書
高槻成紀　2014年　『唱歌「ふるさと」の生態学』ヤマケイ新書
高槻成紀　2017年　『都会の自然の話を聴く――玉川上水のタヌキと動植物のつながり』彩流社
高槻成紀　2020年　2018年　台風24号による玉川上水の樹木への被害状況と今後の管理について「植生学会誌」37：49～55
高槻成紀・鈴木浩克・大塚惠子・大出水幹男・大石征夫　2023年　玉川上水の植生状態と鳥類群集「山階鳥類学雑誌」55：1～24
高槻成紀・釣谷洋輔　2021年　明治神宮の杜のタヌキの食性『鎮座百年記念第二次明治神宮境内総合調査報

告書 第2報』91～100
竹内将俊・小島宏海・渡辺昌也　2010年　東京農業大学世田谷キャンパスの鳥類相「東京農大農学集報」55：115～122
谷亀高広　2014年　菌従属栄養植物の菌根共生系の多様性「植物科学最前線」5：110
東京都水道局　ホームページ　『史跡玉川上水保存管理計画書』https://www.waterworks.metro.tokyo.lg.jp/files/items/19096/File/press070416b.pdf
中村哲　2007年　『医者、用水路を拓く』石風社
西海功・黒田清子・小林さやか・森さやか・岩見恭子・柿澤亮三・森岡弘之　2014年　皇居の鳥類相（2009年6月～2013年6月）「国立科博専報」50：541～557
濱尾章二・紀宮清子・鹿野谷幸栄・安藤達彦　2005年 赤坂御用地の鳥類相(2002年4月～2004年3月)「国立科博専報」39：13～20
葉山嘉一・高橋理喜男・勝野武彦　1996年　都立東大和公園における植生と鳥類の生息特性に関する研究「ランドスケープ研究」59：89～92
樋口広芳・塚本洋三・花輪伸一・武田崇也　1985年　森林面積と鳥の種数との関「*Strix*」1:70-78
檜山庫三　1965年『武蔵野の植物』井上書店
森本豪・加藤和弘　2005年　緑道による都市公園の連結が越冬期の鳥類分布に与える影響「ランドスケープ研究」68：589～592
柳澤紀夫・川内博　2013年　明治神宮の鳥類 第2報『鎮座百年記念 第二次明治神宮境内総合 調査報告書』鎮座百年記念第二次明治神宮境内総合調査委員会編：166～221

Aitken, K. E. H. and K. Martin. 2007. The importance of excavators in hole-nesting communities: availability and use of natural tree holes in old mixed forests of western Canada. *Journal of Ornithology,* 148: 425–434

Aubry, K. B. and C. M. Raley. 2002. The Pileated Woodpecker as a Keystone1 Habitat Modifier in the Pacific Northwest. *USDA Forest Service Gen. Tech. Rep.* PSW-GTR-181. 2002.

BirdWatching (https://www.birdwatchingdaily.com/news/science/woodpeckers-hammer-without-headaches/)

Bovyn, R. A., M. C. Lordon, A. E. Grecco, A. C. Leeper and J. M. LaMontagne. 2019. Tree cavity availability in urban cemeteries and city parks. *Journal of Urban Ecology,* 5:1–9.

Catalina-Allueva, P. and C. A. Martín. 2020. The role of woodpeckers (family: Picidae) as ecosystem engineers in urban parks: a case study in the city of Madrid (Spain). *Urban Ecosystems,* 24: 863-871.

Martin, K. and J.M. Eadie 1999. Nest webs: a community-wide approach to the management and conservation of cavity-nesting forest birds. *Forest Ecology and Management,* 115: 243-257.

Wassenbergh, S. V., E. J. Ortlieb, M. Mielke, C. Böhmer, R. E. Shadwick and A. Abourachid. 2022. Woodpeckers minimize cranial absorption of shocks. *Current Biology,* 32: 3189-3194.

おわりに

この本を執筆する間にコロナ禍が大きな問題になり、2022年の2月にはロシア軍によるウクライナ侵攻があり、7月には安倍元首相の暗殺事件が起きるなど、心の塞ぐことが次々と起きて、社会に閉塞感が覆っている。

そうした中でも私たちは玉川上水で野草など自然に関する活動を継続している。「そうした中でも」というのは正しくなくて、「そうであるからこそ」自分と野草の関係を直視したいような気持ちがあるというほうが実際に近い。野草は人間社会の変化に関わりなく、日々の営みを続ける。いうまでもないことだ。2月のロシア軍侵攻の頃、テレビに写るウクライナの景色は灰色で、北国であることを伝えていた。4月中旬くらいからはテレビの画面にも緑色が見られるようになった。人の愚かな行いが展開する中でも、野草は芽吹き、開花し、結実したはずだ。それを目にするウクライナの人々の思いは如何ばかりであろうか。そういう想いの中で本書を書いた。

本書は多くの人の協力で進めている活動の記録であり、私はそれを記録したに過ぎない。ただし、それは私に文責がないことは意味しない。思い違いや誤解があればご指摘いただきたい。自然に対する敬意を持ち、それが損なわれることに心を痛め、科学的な調査をすることで何が起きているかを客観的に捉えてわかりやすく表現する、本書はそういう姿勢の活動の産物と言える。特別の調査機器や難しい理論がいるわけではない。誰でもが参加できる調査をデザインし、一緒に行動することには充実感があるし、何より楽しい。それによって明らかになったことを共有し、発表することは喜びである。それが思い通りに行政に受け入れられたかといえば、なかなかうまくいかないことは本書に書いたとおりである。しかし私には、たとえ時間がかかってもその内容は必ず理解され、受け入れられるという妙な自信がある。そのとき私はこの世にいないかもしれないが、仲間が引き継いでくれるだろう。もし本書を読んだ日本中の自然を大切に思い活動しておられる方々が、私たちの姿勢に共感し、活動の参考にしてくだされば、著者として実にうれしいことである。

本書が完成した後の9月22日に、本書でも紹介した庄司徳治さんが94歳で大往生された。庄司さんは玉川上水の樹木の管理の民主的な手続きとして「小平方式」を確立し、亡くなるまで玉川上水のことを熱心に語っておられた。庄司さん、私たちはご遺志を引き継ぎます。どうか安らかにお眠りください。

本書に使わせてもらった写真は花マップネットワークや玉川上水みどりといきもの会議のメンバーに提供いただいた。内容については特に鈴木浩克さんと大塚惠子さんとの議論がありがたかった。安河内葉子さん、橋本承子さん、田頭祐子さんには文章などを紹介させていただいた。水口和恵さんには328号線について教えてもらい、原稿を読んでいただいた。彩流社の出口綾子さんには今回も本作りだけでなく、自然と人のありようについて話をすることができた。これらの方々に感謝します。

●著者プロフィール
高槻成紀（たかつき・せいき）
1949年生まれ、東北大学大学院理学研究科修了、理学博士。東京大学、麻布大学教授を歴任。専攻は保全生態学。ニホンジカの生態学研究を長く続け、シカと植物群落の関係を解明してきた。近年は里山や都市緑地の動植物も調べている。本書のテーマである玉川上水の保全のために「玉川上水みどりといきもの会議」を立ち上げた。
著書:『野生動物と共存できるか』『動物を守りたい君へ』（岩波ジュニア新書）、『タヌキ学入門』（誠文堂新光社）、『都会の自然の話を聴く』（彩流社）など。最新刊『都市のくらしと野生動物の未来』（岩波ジュニア新書）。

もう木《き》を伐《き》らないで
——玉川上水《たまがわじょうすい》の生物《せいぶつ》多《た》様性《ようせい》のために

2023年11月22日　初版第一刷

著　者　高槻成紀 ©2023
発行者　河野和憲
発行所　株式会社 彩流社
〒101-0051　東京都千代田区神田神保町3-10　大行ビル6階
電話　03-3234-5931
FAX　03-3234-5932
http://www.sairyusha.co.jp/

編　集　出口綾子
装　丁　仁川範子
印刷　モリモト印刷株式会社
製本　株式会社難波製本

Printed in Japan　ISBN978-4-7791-2908-7 C0036
定価はカバーに表示してあります。乱丁・落丁本はお取り替えいたします。